RATIONAL

LEON

XCV 440T

LEON.

LEON.

HAPPY SALADS

해피 샐러드

제인 백스터 & 존 빈센트 지음 • Fabio(배재환) 옮김

CONTENTS

시작하며

이 책을 만드는 동안 우리는 무척 즐거웠습니다. 아니, 이 책이 오히려 우리를 행복하게 만들어주었죠.
우리는 모든 사람에게 자연 그대로의 패스트푸드를 제공하기 위해 레온*을 열었고,
또 이 책 속의 아이디어와 레시피를 공유하여 보다 쉽게 건강한 식생활을 영위할 수 있도록 하고 싶었습니다.

레온에는 다섯 가지 기본 원칙이 있습니다.

1.
엄청나게 맛있어야만 한다.

2.
실제 느낄 수 있을 정도로 몸에 좋아야 한다.

3.
먹는 즐거움을 느낄 수 있어야 한다.

4.
친환경적이어야 한다.

5.
적당한 가격이어야 한다.

✓ 레온(LEON)은 60여 개의 지점을 가진 영국의 자연식 레스토랑의 이름입니다.

샐러드는 레온의 다섯 가지 원칙을 모두 충족시킬 수 있는 강력한 요리 후보들 중 하나였습니다. 채소를 맛있게 먹게끔 하는 것이 다섯 가지 원칙의 가장 중요한 목표라고 생각했기 때문입니다.

이 책에서 소개하는 레시피는 우리 몸에도 좋고 우리가 살고 있는 지구에도 보탬이 될 것입니다. 장기적으로 봤을 때 채소는 인간과 지구가 필요로 하는 것들을 채워 줄 수 있습니다. 채소가 우리의 미래라는 사실은 의심의 여지가 없습니다.

채소는 섬유소와 항산화제 등 우리 몸을 건강하게 하고 치유하는 다른 영양소들과 함께 천연의 에너지를 제공합니다. 그리고 샐러드 위에 뿌리는 올리브 오일은 여러분의 활동과 성장을 위한 거의 모든 유형의 대사 작용에 필요한 유익한 지방을 제공하죠.

왜 '해피 샐러드'냐고요? 여기에 소개된 샐러드는 그냥 보기만 해도 행복하니까요. 여러분의 행복한 순간과 언제나 함께할 테고, 그래서 샐러드를 사랑하게 될 것이니까요. 샐러드가 여러분의 식생활에 제대로 자리 잡게 되면 건강하고 활기찬 느낌을 가질 수 있으니 그게 바로 행복이죠. 그래서 해피 샐러드랍니다.

우리는 여러분을 위해 꼭 필요한 샐러드 책을 만들기로 했습니다. '무인도에도 반드시 가져가야 할' 만큼 꼭 필요한 최고의 샐러드 책을 말이죠. 이 책에 실린 모든 레시피는 한 끼 식사로도 손색이 없습니다. 클래식 샐러드, 레온 고유의 샐러드 그리고 감탄을 자아낼만큼 '획기적인' 레시피들이 수록되어 있습니다.

이 책의 구성

이 책은 크게 다섯 파트로 나뉘어 있습니다.

1. Classics(클래식) 여러분이 잘 알고 좋아하고 늘 만들고 싶어 했던 샐러드입니다. 엄밀히 말하자면 레온 스타일로 약간의 변화를 주었기에 전통 방식이 아니라고 할 수도 있지만, 분명 여러분의 향수를 불러일으키고 식욕을 돋우기에 충분할 것입니다.

2. Natually Fast(자연식 패스트푸드) 준비 시간이 최대 20분 정도인 샐러드입니다. 빨리 만들어도 혹은 여유 있게 천천히 만들어도 환상적인 맛으로 만족감을 줄 겁니다.

3. Lunchbox(도시락) 여러분의 소중한 시간을 아낄 수 있도록 디자인된 1인용 레시피입니다. 이제 무얼 먹을까 헤매며 허비하던 점심시간을 되찾아보세요. 여기에 소개된 샐러드는 전날 밤에 준비해도 신선함을 유지할 수 있습니다. 먹기 직전에 드레싱만 뿌리면 되죠.

4. Food for Friends(친구와 함께) 디너파티용으로 구상한, 눈에 확 띄는 샐러드! 친구들이 "이거 진짜 네가 만든 거야? 너무 맛있다."고 감탄할 만한 샐러드 말입니다. 만들기는 별로 어렵지 않아요. 단지 몇 가지 특별한 재료가 필요할 뿐이지요.

5. Food for Family(가족과 함께) 가족들의 저녁 식사, 일요일을 위한 오븐 요리 그리고 휴일 나들이용 샐러드들입니다. 여러 사람이 맛있게 먹을 수 있는 양입니다.

밀가루(Wheat) FREE

글루텐(Gluten) FREE

유제품(Dairy) FREE

베지테리언 (Vegetarian)

비건(Vegan)

최고의 샐러드를 만드는 방법 : 맛, 식감 그리고 구성

샐러드는 엄청나게 다양한 방법으로 만들어낼 수 있어 실험적이고 창의적인 접근이 가능한 메뉴입니다. 사용할 수 있는 식재료도, 차려내는 방식-뜨겁게, 차갑게, 병에 넣어서 또는 꼬치 형태로 등등-도 너무나 다양하므로 만들기 나름입니다. 여기, 당신만의 샐러드를 만들 때 염두에 두어야 할 세 가지 사항이 있습니다.

1. 맛 어떤 요리에서든 균형 잡힌 풍미는 중요합니다. 특히 훌륭한 샐러드를 만들기 위해선 더더욱 그렇죠. 짠맛, 단맛, 신맛 그리고 씁쓸한 맛이 모두 조화를 이루어야 합니다. 만들면서 드레싱이나 재료의 맛을 보는 것이 중요합니다. 간을 더해야 할지 적당한지는 본능적으로 알 수 있을 거예요.

2. 식감 샐러드는 전체적으로 식감의 균형을 이루는 것이 매우 중요합니다. 아삭아삭함, 쫄깃쫄깃함 그리고 보들보들함 등 다양한 식감을 즐길 수 있도록 만들어보세요.

3. 구성 샐러드에 여러 종류의 익힌 채소를 곁들이려면 조리법을 바꿔보세요. 직화로 굽기, 오븐에 굽기, 찌기, 생채소까지 다양한 방법으로 재료를 요리하고 조합해보세요. 또 완성된 샐러드의 모습도 생각해보세요. "음식은 눈으로도 먹는다."는 말이 있으니까요. 채소를 써는 방법만 달리해도 더 먹음직스럽게 만들 수 있습니다.

이 책은 오직 샐러드만을 위해 고안된 아주 유용한 레시피들을 담고 있습니다. 샐러드를 사랑하는 사람들은 물론이고 아직 샐러드의 맛을 모르는 사람들을 위한 샐러드 레시피를 소개합니다.

샐러드용 식료품 목록

어떤 샐러드에도 유용하고 맛있게 곁들일 수 있는 기본 식재료를 소개합니다.

비니거류

레드 와인
발사믹
화이트 와인
샴페인 & 모스카텔 같은 특별한 와인
청주
사이다
셰리

견과류 및 씨앗류

호두
아몬드 & 훈제 아몬드
헤이즐넛
땅콩
피스타치오
호박씨
노란 아마씨
해바라기씨
참깨 : 검은깨, 흰깨

콩류

검은콩
볼로티 콩
강낭콩
흰강낭콩(카넬리니 콩)
렌틸 콩

오일류

올리브 오일
(신선하고 품질 좋은 엑스트라 버진 등급)
호두 오일
랩시드(유채씨) 오일
해바라기씨 오일
포도씨 오일
참기름

달콤한 재료

건포도
건살구
말린 크랜베리
말린 배
말린 무화과
소프트 브라운 슈거
액상 꿀
메이플 시럽
대추 시럽
석류 시럽

냉동 재료

완두콩
누에콩
그린빈스
옥수수

아시아 식재료

맛술(미림)
타마린드 페이스트
말린 새우
고추냉이 페이스트
피시 소스 / 케첩 마니스
코코넛 우유 / 팜 슈거
미역 / 김
타마리 / 간장
말린 코코넛
새우 페이스트
블라찬
이칸 빌리스(말레이시아 생선 젓)

곡물

흑미
브라운 재스민 라이스
롱 그레인 라이스
파로
프레골라(쇼트 파스타의 일종)
불구르(밀을 데쳐서 빻아 만든 것)
퀴노아
오르조(쌀알 모양 수프용 파스타)
디탈리니(아주 작은 튜브 모양의 파스타)
쌀국수 / 흑미 국수 / 메밀국수
폴렌타(거칠게 빻은 옥수수 가루)
이스라엘 쿠스쿠스 / 마프톨
프리카(쿠스쿠스의 또 다른 형태)

향신료

카이엔 페퍼
수막 가루(옻나무 가루)
펜넬 씨(회향 씨)
올스파이스
육두구
시나몬
말린 오레가노
사프란
큐민 가루 & 큐민 씨
고수(코리앤더) 가루 & 고수 씨
훈제 파프리카 & 스위트 파프리카

기타

참치 통조림
소금에 절인 케이퍼(지중해산 관목의 작은 꽃봉오리)
앤초비
머스터드 : 디종, 홀, 잉글리시
잉글리시 머스터드 파우더
호스래디시 크림
우스터셔 소스
토마토케첩
타바스코 / 칠리소스
오이 피클(게르킨 오이 피클)
치폴레 소스
구운 피망
블랙 올리브 / 그린 올리브
옥수수 토르티야

요리 제대로 준비하기

채소 씻어 물기 제거하기 아무리 '세척 판매'를 하는 채소를 산다고 해도 항상 몇 번 더 물에 헹구어 사용하는 것이 좋습니다. 작은 녹색 채소를 다룰 때는 찬물을 받아서 조심스럽게 뒤적여가며 씻은 후 체에 밭쳐 건집니다. 잎이 상하거나 뭉개지지 않도록 주의하며 한 움큼씩 샐러드 스피너(원통형으로 생긴 채소용 탈수기)에 넣고 돌려 물기를 제거합니다. 채소가 젖어 있으면 드레싱이 겉돌게 된다는 것을 기억하세요. (스피너가 없다면 물기가 완전히 빠질 때까지 체에 밭쳐두거나 손으로 힘껏 털어주세요.)

알맞은 도구 갖추기 건축을 하려면 튼튼한 연장이 필요하듯이, 샐러드를 만들 때도 그에 알맞은 도구들이 필요합니다. 무엇보다 날이 엄청 잘 드는 식칼, 품질 좋은 채소 필러(껍질 벗기는 도구), 절구와 절굿공이 그리고 찜기가 핵심 도구입니다. 이 기본 도구들을 바탕으로 회전식 채칼, 푸드 프로세서나 스틱 블렌더(핸드 블렌더) 그리고 만돌린(여러 가지 채소를 – 심지어 치즈도 – 특정 모양으로 썰어주는 전문가용 채칼) 등을 갖춘다면 보다 더 빠르게 샐러드를 만드는 데 큰 도움이 될 것입니다.

버무리기 손을 사용하세요. 사람의 손은 샐러드 스푼보다 훨씬 정교합니다. 그리고 손을 사용하면 드레싱이 미처 골고루 섞이지 못한 부분까지 감지해낼 수 있습니다. 그렇다고 (손님 앞에서) 손으로 샐러드를 덜어내어 차리면 안 되겠지요.

드레싱을 넣을 때 유의할 점 이 책에서는 각 레시피마다 드레싱의 양에 관해 기술하고 있지만 드레싱을 넣을 때는 조금씩 추가하면서 어느 정도의 분량이 좋을지 직접 확인하는 것이 좋습니다. 마타리 상추(옥수수밭에서 잘 자라기 때문에 콘 샐러드라고도 하며 상추라기보다는 허브에 가까운 채소), 프리제(잎이 더 섬세하고 색감이 연한 어린 치커리)와 루콜라(로켓) 같은 섬세한 채소 잎을 사용할 때는 가장 마지막에 조금씩만 드레싱을 넣으세요. 케일이나 양배추처럼 보다 억센 채소들은 일찍 드레싱을 넣어도 문제가 없습니다. 구운 뿌리채소들과 다른 익힌 재료들에 드레싱을 넣을 경우에는 열기가 남아 있을 때 첨가하면 더 맛있는 요리를 만들 수 있을 겁니다.

접시나 볼에 담아내기 샐러드를 큰 볼이나 접시에 담아내기 전에 샐러드 볼 안쪽 면이나 접시의 음식이 닿는 면을 마늘 한 쪽과 올리브 오일로 잘 문지르고 적당히 간을 묻힙니다. 이 과정은 샐러드의 완성도에 엄청난 영향을 미칩니다(샐러드를 그냥 담고 위에 드레싱을 뿌리면 샐러드의 바닥까지 드레싱이 스며들지 않기 때문에).

LEON LDN.
FROM FARMS
WE TRUST
PARIS
PICHOT
50
DEPOSE

CLASSICS

니스풍 샐러드 Niçoise

준비 시간 15분 • **조리 시간** 15분

[재료] 2인분

- 삶아서 반으로 자른 **햇감자** 100g
- 익힌 **그린빈스*** 150g
- 웨지 모양으로 썬 **삶은 달걀** 2개 분량
- 반으로 자른 **방울토마토** 6개 분량
- 씨를 빼고 껍질을 벗겨 잘게 썬 **오이** 1/4개 분량
- 슬라이스한 **샬롯*** 1개 분량
- 잘게 조각 낸 **통조림 참치** 50g
- **블랙 올리브** 10개(가급적 니스산)
- 슬라이스한 **래디시** 2개 분량
- **바질 잎** 약간
- **소금**, 갓 갈아놓은 **흑후추**

[드레싱]

- **토마토즙** 토마토 2개 분량(체로 거른 것)
- **올리브 오일** 3큰술
- **레드 와인 비니거** 1큰술
- **케이퍼*** 1작은술
- **앤초비** 2개
- **마늘** 1/2쪽
- **바질 잎** 4장

✓ 그린빈스(green beans) : 풋 강낭콩, 깍지콩, 프렌치 빈 등으로도 불리며, 흔히 콩깍지째 먹는다.

✓ 샬롯(shallot) : 작은 양파의 일종으로 양파와 마늘의 중간 정도 되는 맛이 난다.

니스에서 온 아주 멋진 클래식 샐러드입니다.

1. 드레싱 재료를 모두 푸드 프로세서나 스틱 블렌더로 갈아 드레싱을 만든다. 만약 둘 다 없다면 절구를 사용해도 무방하다. 소금과 흑후추로 적당히 간을 한다. (이후의 레시피에서도 재료에 소금, 갓 갈아놓은 흑후추는 간을 할 때 사용한다.)
2. 커다란 볼에 감자와 그린빈스를 넣고 준비한 드레싱의 절반 정도를 넣어 버무린다. 간을 하고 샐러드를 담아낼 접시 위에 나머지 재료들과 조심스럽게 섞어 올린다. 남은 드레싱을 골고루 뿌리고 굵게 채 썬 바질 잎을 흩뿌린다.

✓ 케이퍼(small caper) : 지중해산 관목 꽃봉오리를 식초에 절인 향신료.

리옹풍 샐러드 Lyonnaise

준비 시간 5분 • 조리 시간 8분

   WF, GF : 크루통 제외 시

[재료] 2인분

- 베이컨(또는 지방이 많은 판체타*) 100g
- 올리브 오일 1큰술
- 레드 와인 비니거 1큰술
- 곱게 다진 샬롯 1개 분량
- 디종 머스터드 1작은술
- 엑스트라 버진 올리브 오일 2큰술
- 비니거(화이트 와인 또는 몰트) 적당량
- 달걀 2개
- 엔다이브* 100g
- 크루통 적당량(선택 사항, 214쪽 참조)

✓ 판체타(pancetta) : 돼지 뱃살을 염장하고 향신료로 풍미를 더한 후 바람에 말려 숙성시킨 이탈리아식 베이컨.

✓ 엔다이브(endive) : 꽃상추의 일종. 벨기에의 대표적인 샐러드 채소이며, 형태는 타원형으로 끝이 뾰족하며 순백색이다.

TIP

수란 만들기

작은 그릇에 달걀을 깨트려 담고, 물을 끓여 힘차게 휘저은 다음 이때 생긴 소용돌이 가운데로 천천히 달걀을 흘려 넣어서 익힙니다.

이 샐러드는 레몬이 아닌 리옹풍의 샐러드입니다.

1. 올리브 오일을 두른 프라이팬에 베이컨 또는 판체타를 올려 노릇하고 바삭해질 때까지 굽는다. 타공 스푼으로 건져낸 다음 키친타월로 기름을 제거한다.
2. 팬에 레드 와인 비니거를 넣고 베이컨 부스러기를 나무 주걱으로 긁어 모은 후 샬롯과 머스터드를 넣는다. 잘 저은 후 불에서 내린다. 엑스트라 버진 올리브 오일을 넣어 잘 섞으면 드레싱이 완성된다.
3. 냄비에 물과 비니거를 넣어 뭉근하게 끓인다. 끓는 물에 달걀을 깨트려 넣고 3분 정도 또는 흰자가 익을 때까지 부드럽게 익혀 수란을 만든다. 타공 스푼으로 건져낸 후 키친타월 위에 올려 물기를 제거한다. (다른 방법도 있는데, 부드러운 반숙으로 달걀을 삶은 후 껍질을 까서 사용해도 된다.)
4. 구워둔 베이컨(또는 판체타)에 드레싱과 엔다이브를 넣고 드레싱이 골고루 배도록 조물조물 버무린다. 접시 두 개에 나눠 담고 그 위에 수란을 올린다. 좀 더 바삭한 식감을 원하고 글루텐 무첨가 또는 밀 무첨가 음식이 아니어도 상관없다면 크루통을 추가한다.

새우 칵테일 샐러드 Prawn Cocktail Hour

준비 시간 15분

   GF : 우스터셔 소스 제외 시

[재료] 2인분

- **물냉이** 잔가지 3~4개
- 잘게 채 썬 **미니 로메인**(리틀 젬 양상추)* 1포기 분량
- 깍둑썰기 한 **아보카도** 1/2개 분량(큰 것)
- 껍질을 벗겨 사방 1.5~2cm 정도로 깍둑썰기 한 **오이** 1/4개 분량
- 잘게 썬 **쪽파** 4개 분량
- **레몬즙** 2큰술
- 다진 **차이브***와 **딜** 2작은술
- 익혀서 껍질을 벗긴 **왕새우** 150~200g
- 가늘게 채 썰어 작게 자른 **래디시** 1개 분량
- **소금**, **카이엔 페퍼***

[드레싱]

- **마요네즈**(지방 함유량을 줄이지 않은) 2큰술
- **토마토케첩** 1작은술
- **브랜디** 1뚜껑
- **호스래디시**(또는 **우스터셔 소스**) (선택 사항)
- **소금**, 갓 갈아놓은 **흑후추**

✓ 리틀 젬 양상추(little gem lettuce) : 일반 양상추보다 크기가 작고 더 아삭한 식감이 난다. 우리나라에서는 미니 로메인이라고 부른다. (이하 미니 로메인으로 표기)

✓ 차이브(chive) : 유럽, 미국, 러시아, 일본 등이 산지인 부추과의 식물로 톡 쏘는 양파 향이 난다.

새우 칵테일과 디스코가 1970년대를 대표했지요. 가족 모임이나 1970년대 콘셉트의 디너파티에 안성맞춤입니다. 특히 나이 드신 분들이 좋아하지요.

1. 각 접시마다 재료를 차곡차곡 담는다. 먼저 물냉이, 채 썬 미니 로메인, 아보카도, 오이 그리고 쪽파 순으로 담는다. 레몬즙을 뿌리고 준비한 허브의 절반 분량을 올린 다음 소금과 카이엔 페퍼로 간을 한다.
2. 샐러드 위에 새우를 얹고 다시 소금과 카이엔 페퍼로 간을 한다.
3. 드레싱 재료를 모두 잘 섞은 후 샐러드와 새우 위에 골고루 뿌린다. 남은 허브들과 가늘게 채 썬 래디시를 올려 마무리한다.

TIP

호스래디시나 우스터셔 소스를 추가해서 맛을 낼 수도 있습니다. 제인은 자극적인 맛을 좋아하는지라 좀 더 톡 쏘는 맛을 내기 위해 둘 다 사용한답니다.

✓ 카이엔 페퍼(cayenne pepper) : 남미, 아프리카산의 색이 곱고 매운 고춧가루.

LEON ORIGINAL
LEON ORIGINAL
SUPERFOOD SALAD

오리지널 슈퍼푸드 샐러드 The Original Superfood Salad

준비 시간 10분 • **조리 시간** 5분

[재료] 2인분

- 꽃봉오리 부분을 한 입 크기로 자르고 줄기는 껍질을 벗겨 세로로 썬 **브로콜리** 2/3개 분량
- 해동한 **완두콩** 120g
- 가늘고 긴 막대 모양*으로 썬 **오이** 100g
- 질 좋은 **페타 치즈** 부스러기 100g
- **레온식 볶은 씨앗** 2큰술(215쪽 참조)
- 작게 썬 **아보카도** 1/2개 분량
- 익혀서 식힌 **퀴노아** 100g
- **이탈리아 파슬리*** 적당히 다진 것 1움큼
- **민트 잎**을 적당히 다진 것 1움큼
- **프렌치 비네그레트** 3큰술(216쪽 참조)

✓ 가늘고 긴 막대 모양 썰기(batons/batonnet) : 5mm×5mm×5cm 크기의 막대 모양으로 채소를 써는 방법.

✓ 이탈리아 파슬리(Italian parsley) : 파슬리의 한 종류로 잎이 넓고 납작한 모양이며 이탈리아 요리에 주로 쓰인다.

한 그릇에 영양이 가득한 이 샐러드는 2004년 레온이 문을 열었을 때부터 계속 메뉴판을 지켜왔습니다. 진정한 오리지널 메뉴라고 할 수 있죠. 론칭 전에 구글 검색을 해 보았지만 이 메뉴는 없었으니까요. 시간이 지나면서 우리는 메뉴를 수정하고 개선시켜 왔지만 레온의 전도사들이 이 레시피를 빼놓는 일은 절대 없답니다.

1. 냄비의 약 2cm 높이까지 뜨거운 물을 붓고 소금 1자밤을 넣은 다음 뚜껑을 닫는다.
2. 물이 끓으면 브로콜리를 넣고 다시 뚜껑을 닫는다. 3분 후 물을 따라내고 흐르는 찬물에 브로콜리를 헹구어 식히면 선명한 초록색을 유지할 수 있다.
3. 그릇에 재료를 차례로 담는다. 브로콜리, 완두콩, 페타 치즈, 아보카도, 퀴노아 그리고 마지막으로 다진 허브와 볶은 씨앗을 넣고 먹기 직전에 프렌치 비네그레트 드레싱을 뿌려 버무린다.

TIP

우리는 더 이상 알파파 싹을 사용하지 않지만 만약 알파파 싹이 있다면 샐러드 토핑으로 쓰면 아주 좋습니다.

파투시 샐러드 Fattoush

준비 시간 15분 • **조리 시간** 5분

[재료] 2인분

- **피타 브레드** 작은 것 1개
- **올리브 오일** 2큰술
- **수막 가루**(옻나무 열매의 가루) 1자밤
- 잘게 썬 **미니 로메인** 1개 분량
- 씨앗을 빼고 껍질을 적당히 벗겨 1~2cm로 깍둑썰기 한 **오이** 1/2개 분량
- 속을 빼고 깍둑썰기 한 **토마토** 2개 분량
- 송송 썬 **쪽파** 4줄기 분량
- 얇게 슬라이스하여 2등분한 **래디시** 2개 분량
- 다진 **이탈리아 파슬리** 1큰술
- 다진 **민트** 1큰술
- **소금**, 갓 갈아놓은 **흑후추**

[드레싱]

- **레몬즙** 2큰술
- **올리브 오일** 3큰술
- **수막 가루** 1자밤
- **올스파이스** 1자밤
- **시나몬 가루** 1자밤
- **소금**, 갓 갈아놓은 **흑후추**

✓ 펜넬(fennel) : 미나리과, 상록 다년 초, 원산지는 지중해 연안 지역. 특유의 청량하고 개운한 향으로 고기 요리나 생선 요리에 많이 사용된다. 고기 누린내를 없애주고 산뜻한 풍미를 더해 '고기를 위한 허브'라 불리기도 한다.

이 중동 스타일의 브레드 샐러드는 다채로운 색감과 신선함, 약간의 바삭함이 더해진 매력적인 샐러드로 존이 에지웨어 가 근처에 살 때 굉장히 좋아했던 메뉴입니다. 이름과는 달리 전혀 살이 찔 염려를 할 필요가 없는 샐러드죠.

1. 토스터에 피타 브레드를 약간 노릇해질 때까지 굽는다. 작은 프라이팬에 올리브 오일을 둘러 달군 후 피타 브레드를 2cm 정도 크기로 조각 내어 수막 가루를 뿌려 굽는다. (바삭바삭해질 때까지 2~3분 동안, 수막 가루가 골고루 입혀지도록 돌려가며 굽는다.)
2. 나머지 샐러드 재료 모두를 커다란 볼에 넣고 맛있게 간을 한다.
3. 드레싱 재료들을 모두 넣고 휘저어 잘 섞은 후 간을 맞춘다.
4. 샐러드를 접시에 담고 드레싱을 뿌린 다음 먹기 직전에 피타 브레드 조각을 넣어 부드럽게 섞는다.

TIP

이 샐러드에는 다른 채소들을 사용해도 무방합니다. 데친 누에콩과 얇게 저민 펜넬*을 더하고 볶은 큐민을 드레싱에 약간만 넣어 만들어보세요.

그리스풍 샐러드 Greek

준비 시간 20분 • **조리 시간** 5분

V : 채식용 페타 치즈 사용 시

[재료] 2인분

- 껍질을 벗겨 얇게 슬라이스한 **오이** 1/2개 분량
- 채 썬 **적양파** 1/2개 분량
- 반으로 자른 **방울토마토** 6개 분량
- 씨를 빼서 채 썬 **녹색 피망** 1/2개 분량
- 다진 **이탈리아 파슬리** 1큰술
- **블랙 올리브** 12개
- **페타 치즈** 100g
- **밀가루** 2큰술
- 잘 휘저어 푼 **달걀** 1개 분량
- **팡코**(일본식 빵가루) 2큰술
- **올리브 오일** 3큰술

[드레싱]

- **올리브 오일** 3큰술
- **레드 와인 비니거** 1큰술
- 으깬 **마늘** 1쪽 분량
- 말린 **오레가노** 1자밤

✓ 할루미 치즈(haloumi cheese) : 키프로스에서 양젖을 숙성시키지 않고 만든 치즈로 녹는점이 높아 구워 먹는 경우가 많다.

이 샐러드의 경우 레시피에 변화를 주기 위해 페타 치즈를 튀겨 넣었습니다. 따뜻하고 부드러운 치즈와 아삭한 샐러드의 조합은 호머의 서사시에 견줄 만하죠. 하지만 전통적인 그리스식 샐러드와는 다릅니다. 만약 전통적인 샐러드를 더 좋아한다면 드레싱으로 버무린 샐러드 위에 치즈를 잘라 그냥 얹기만 하세요.

1. 드레싱 재료들을 모두 휘저어 섞는다.
2. 페타 치즈를 두 조각으로 나눈다. 먼저 밀가루를 묻히고 풀어놓은 달걀을 입힌 후 마지막으로 팡코를 입힌다. 뜨거운 기름에 페타 치즈를 넣어 중간 불에서 겉이 노릇노릇하게 익을 때까지 2분 정도 튀긴 다음 팬에서 건져 키친타월 위에 잠시 두어 기름을 제거한다.
3. 볼에 채소와 드레싱을 넣어 섞은 후 접시에 보기 좋게 담는다. 튀긴 치즈를 위에 올려 마무리한다.

TIP

샐러드 토핑으로 페타 치즈 대신 구운 할루미 치즈* 조각을 사용해도 좋습니다.

타불레 샐러드 Tabbouleh

준비 시간 20분(물에 불리는 시간 추가)

[재료] 2인분

- **불구르*** 50g
- **이탈리아 파슬리** 다진 것 50g
- 다진 **민트** 20g
- 속을 빼서 다진 **토마토** 100g
- 다진 **쪽파** 6줄기 분량
- **레몬즙** 2큰술
- **올리브 오일** 3큰술
- **올스파이스** 1자밤
- **수막 가루** 1자밤
- **소금**, 갓 갈아놓은 **흑후추**

✓ 불구르(bulgur) : 듀럼밀 등 몇 가지 밀을 데치거나 쪄서 빻은 것.

이 샐러드가 처음 만들어진 레바논에서는 매년 7월의 첫째 토요일을 타불레의 날로 정하고 이를 기념합니다. 중동에서도 레온에서도 가장 인기 있는 요리 중 하나랍니다.

1. 불구르를 볼에 넣고 끓는 물 100ml를 붓는다,
2. 비닐 랩으로 덮어 봉한 뒤 30분 정도(또는 부풀어 오를 때까지) 둔다. 랩을 벗겨서 식힌다.
3. 불린 불구르를 커다란 볼에 담고 다른 재료를 모두 넣어 잘 섞은 후 간을 한다.

월도프 샐러드 Waldorf

준비 시간 10분 • **조리 시간** 10분

[재료] 2인분

- **호두 조각** 50g
- **카이엔 페퍼** 크게 1자밤
- **올리브 오일** 1작은술
- 길이대로 썬 후 송송 썬 **셀러리** 2줄기 분량
- 깍둑썰기 한 **사과** 1개 분량(큰 것)
- 반으로 자른 씨 없는 **포도** 20알
- 다진 **쪽파** 4줄기 분량
- 다진 **차이브** 1큰술
- 다진 **타라곤*** 1큰술
- **마요네즈**(지방 함유량을 줄이지 않은 것) 1큰술
- **레몬즙** 2큰술
- **미니 로메인** 1포기
- **소금**, 갓 갈아놓은 **흑후추**

✓ 타라곤(tarragon) : 사철쑥. 강하고 달콤한 향을 가진 요리용 허브로 맛은 매콤하면서 쌉쌀하다. 잎은 육류의 잡내 제거용으로 많이 쓴다.

고급 호텔 요리를 떠오르게 하는 이 샐러드는 재료를 구하기도 만들기도 쉽습니다. 그저 준비한 재료를 섞어서 차려내면 되지요. 월도프 샐러드를 즐기기 위해 뉴욕에 있는 고급 호텔에 가야만 하는 것은 아니지만……. 그래도 갈 수 있다면 좋긴 할 텐데 말입니다. 그렇지요?

1. 오븐을 150℃로 예열한다.
2. 호두 조각을 베이킹 트레이(구움판) 위에 놓고 카이엔 페퍼, 올리브 오일, 소금을 뿌려 간을 한다. 호두에 간이 배도록 조물조물 주물러서 오븐에 넣어 10분간 구운 후 식힌다.
3. 커다란 볼에 과일과 채소, 허브, 마요네즈와 레몬즙, 식힌 호두를 함께 넣고 버무린다. 소금과 흑후추로 간을 맞춘다.
4. 미니 로메인 잎을 깔고 그 위에 샐러드를 담아 차려낸다.

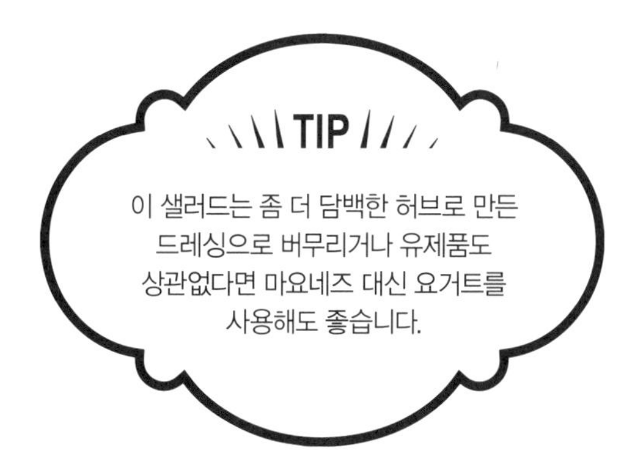

쏨땀 샐러드 Som Tam

준비 시간 20분

[재료] 2인분

- **마늘** 1쪽
- **태국 홍고추** 작은 것 2개 분량
- **건새우** 1큰술
- **팜 슈거**(또는 소프트 브라운 슈거*) 1큰술
- **라임즙** 1개 분량
- **피시 소스** 1큰술
- 껍질을 벗겨 얇게 저며 채 썬 **그린 파파야**(또는 설익은 망고) 1/2개 분량
- 껍질을 벗겨 가늘게 채 썬 **당근** 1개 분량
- 4등분한 **방울토마토** 3개 분량
- 2cm 길이로 자른 **그린빈스** 50g
- 볶은 **땅콩** 다진 것 2큰술
- 잘게 썬 **양상추**(아이스버그 레터스*) 1/4개 분량

✓ 쏨땀(som tam) : 태국어로 '신맛이 나는 것'이라는 뜻을 가진 쏨(som)과 '빻다'라는 뜻을 가진 땀(tam)이 결합된 말로, 새콤한 재료를 찧어 만든 요리를 말한다.

✓ 소프트 브라운 슈거(soft brown sugar) : 백설탕에 당밀 시럽과 당귀 향을 첨가한 설탕의 상품명. 디저트가 아닌 일상식에 단맛과 감칠맛을 동시에 준다.

✓ 아이스버그 레터스(iceberg lettuce) : 양상추의 일종으로 가장 순한 맛을 낸다. 우리나라에서 가장 일반적으로 쓰이는 양상추이다. (이하 양상추로 표기)

쏨땀* 샐러드는 설익은 파파야를 사용합니다. 만약 설익은 파파야를 구할 수 없다면 설익은 망고 또는 가늘게 채 썬 흰 양배추와 무를 섞어 사용해보세요. 과일의 '설익은 풍미'가 이 샐러드 특유의 향과 질감을 만듭니다. 이왕 만드는 거 확실하게 쏨땀을 만들어보는 겁니다.

1. 절구에 마늘과 고추, 건새우를 빻아 페이스트를 만든다.
2. 설탕, 라임즙, 피시 소스를 넣어 잘 섞는다. 이 드레싱의 비법은 바로 이 세 가지 재료의 균형을 잘 맞추는 데 있다. 계속 맛을 봐가면서 취향대로 각 재료들을 더 첨가한다.
3. 커다란 볼에 양상추를 제외한 모든 재료와 드레싱을 넣고 버무린다.
4. 샐러드를 담아낼 접시에 양상추를 담고 드레싱으로 양념한 재료들을 얹어서 차려낸다.

루콜라 멜론 샐러드 Rocket Melon

준비 시간 5분

[재료] 2인분

- **캔탈롭 멜론*** 1/2개
- 얇게 썬 **프로슈토*** 4~6장
- **루콜라** 1줌
- **올리브 오일** 적당량
- 어린 **완두콩**(또는 **잠두콩**) 날것 적당량 (선택 사항)

✓ 캔탈롭 멜론(canteloupe melon) : 껍질은 녹색에, 과육은 오렌지색인 멜론.

✓ 프로슈토(prosciutto): 이탈리아어로 햄의 총칭, 대체로 염장 숙성 햄을 지칭한다.

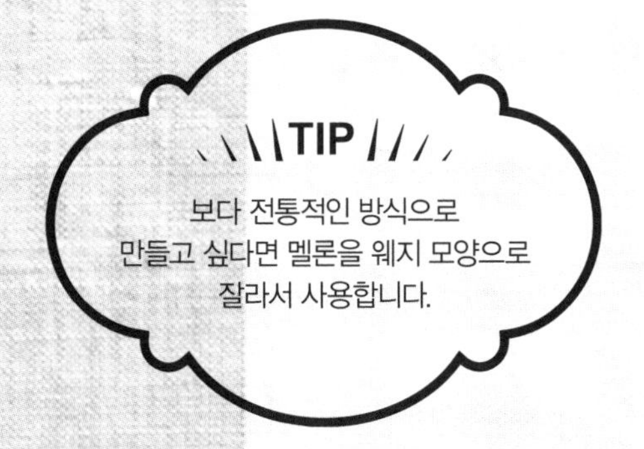

이 샐러드는 짠맛과 톡 쏘는 맛, 상큼한 맛이 완벽한 조화를 이룹니다.

1. 멜론은 껍질을 벗겨내고 과육을 채소 필러로 얇게 슬라이스한다. 프로슈토를 길게 손으로 찢어서 접시에 멜론과 함께 담고 루콜라가 사이사이에 보이도록 부드럽게 뒤섞는다.
2. 올리브 오일을 뿌리고 콩을 넣고 싶으면 완두콩이나 잠두콩을 흩뿌려 낸다.

러시아풍 샐러드 Russian

준비 시간 15분 • **조리 시간** 25분

V : 앤초비 필렛 제외 시

[재료] 2인분

- **완두콩**(또는 냉동 완두콩) 100g
- 껍질 벗긴 **당근** 100g
- 껍질 벗긴 **점질 감자*** 150g
- 잘게 다진 **적양파** 1/2개 분량
- **레드 와인 비니거** 1큰술
- 다진 **이탈리아 파슬리** 1큰술
- 다진 **타라곤** 1큰술
- **마요네즈** 100g
- **케이퍼** 1큰술
- 엑스트라 버진 **올리브 오일**
- **엔다이브** 1포기 (선택 사항)
- **앤초비 필렛*** 8포 (선택 사항)
- **소금**, 갓 갈아놓은 **흑후추**

✓ 점질 감자 : 전분 함량이 적고 단백질이 많아 부드럽고 촉촉한 감자. 우리나라에서 흔한 수미 감자도 점질 감자의 한 종류이다.

✓ 생선 필렛 : 생선의 내장과 머리를 제거하고 뼈를 발라낸 상태에서 살만 포를 뜬 것.

이 레시피는 제인의 친구 실비안이 만든 거예요. 실비안은 영국에서 청소년들을 위한 요리 실습 과정 〈루트 캠프〉를 설립한 요리사랍니다. 〈루트캠프〉에서 이 조리법을 가르치는데 식도를 다루는 법을 익힐 수 있는 아주 안성맞춤인 요리이기 때문이죠.

1. 끓는 물에 완두콩을 넣고 부드러워질 정도로 삶는다.
2. 완두콩이 다 삶기면 물에서 건져내 한 김 식힌다. 완두콩을 삶은 물에 당근과 감자, 소금 1작은술을 넣어 너무 물러지지 않게 15~25분 정도 삶는다.
3. 2의 당근과 감자를 1cm 정도 크기로 깍둑썰기 하여 커다란 볼에 옮겨 담고 다진 적양파, 완두콩, 레드 와인 비니거와 허브들을 넣는다.
4. 여기에 마요네즈와 케이퍼를 넣고 올리브 오일을 충분히 뿌린다. 감자의 각진 형태가 뭉그러지지 않게 주의하며 모든 재료를 조물조물 섞는다. 소금과 흑후추로 간을 맞춘다.
5. 커다란 접시에 엔다이브 잎을 빙 둘러 담고 그 위에 샐러드를 올린다. 앤초비 필렛을 엔다이브 잎 위에 하나씩 올려서 내어도 좋다.

라이스 샐러드 Marcella's Rice Salad

준비 시간 10분 • **조리 시간** 30분

[재료] 2인분

- **건포도** 50g
- **브라운 재스민 라이스**(또는 **통곡물 혼합 쌀**) 125g
- 말린 **무화과** 다진 것 50g
- 껍질을 벗겨 볶은 **통아몬드** 50g
- 다진 **고수** 2큰술
- 다진 **민트** 2큰술
- **석류 시럽** 1작은술
- **카이엔 페퍼** 1자밤
- **소금**, 갓 갈아놓은 **흑후추**

[차려낼 때]

- **올리브 오일** 2큰술
- **수막 가루** 크게 1자밤
- **석류알** 석류 1/2개 분량

존은 스페인 이비자 섬에서 이 샐러드를 먹어보고 홀딱 반했습니다.

1. 뜨거운 물을 건포도가 잠기도록 부어서 건포도를 불린다.
2. 물 250ml에 쌀을 넣고 30분 동안 뭉근하게 끓여 부드러운 상태의 밥을 짓는다. (품종에 따라 짓는 법이 다르니 포장지에 적힌 지시 사항을 참고한다.) 완성되면 덜어내어 식힌다.
3. 밥을 커다란 볼에 담고 나머지 재료와 물기를 제거한 건포도를 함께 넣고 섞는다. 간을 잘 맞추고 올리브 오일을 뿌린 다음 수막 가루와 석류알을 흩뿌려 식탁에 낸다.

TIP

이 샐러드에는 살구나 대추같은 다른 건과일류를 써도 좋습니다.

시저 샐러드 Caesar Salad

준비 시간 10분

[재료] 2인분

- **로메인 상추** 큰 것 1포기(또는 작은 것 2포기)
- **시저 드레싱** 2~3큰술(219쪽 참조)
- **크루통** 1줌(214쪽 참조)
- 곱게 간 **파르메산 치즈** 2큰술
- 다진 **차이브** 1큰술

이 샐러드는 존의 딸, 나타샤와 엘레노어가 가장 좋아하는 샐러드가 되었고 이젠 토요일 밤에 TV 예능 프로그램을 보면서 먹는 특별 요리가 되었습니다. 로메인 상추를 웨지 모양으로 썰어서 내면 보기에도 좋고 식감도 더 아삭하죠.

1. 로메인 상추를 큰 포기는 반을 가르고 작은 포기는 통째로 사용해 잎을 잘라 웨지 모양으로 만든 뒤 드레싱을 뿌린다.
2. 샐러드에 파르메산 치즈, 차이브를 뿌리고 크루통을 곁들여 낸다.

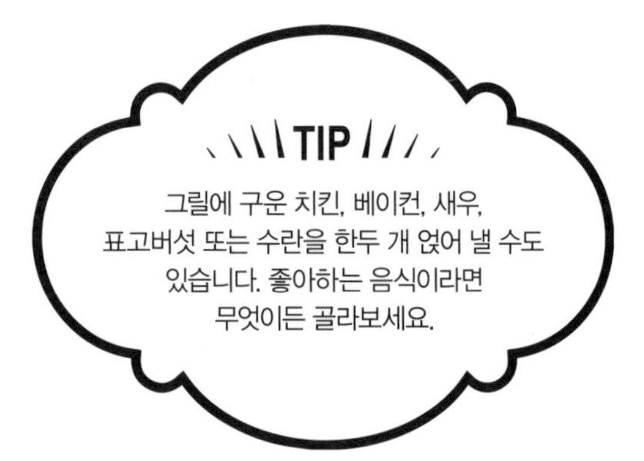

콥 샐러드 Cobb

준비 시간 20분 • **조리 시간** 7분

[재료] 2인분

- **베이컨** 60g
- **올리브 오일** 1큰술
- **익힌 닭 가슴살** 1쪽
- **삶은 달걀** 2개
- **아보카도** 1개
- 잘 익은 **토마토** 2개
- **블루치즈** 70g
- **사과** 2개
- **로메인 상추** 1/2포기

[드레싱]

- **레드 와인 비니거** 1큰술
- **올리브 오일** 3큰술
- **꿀** 1작은술
- **우스터셔 소스** 약간
- **소금, 갓** 갈아놓은 **흑후추**

이 샐러드에 적용되는 유일한 규칙은 모든 재료를 똑같은 크기로 작게 썰어야 한다는 것입니다. 숟가락으로 떠먹을 수 있게 말이죠. 생각나는 대로 다른 재료들을 추가해서 자유롭게 만들어보세요. (취향에 따라 재료를 대체하거나 빼도 됩니다.)

1. 프라이팬에 올리브 오일을 두르고 베이컨을 올려 노릇하고 바삭해질 때까지 몇 분간 굽는다. 타공 스푼으로 건져낸 후 키친타월에 올려 기름을 제거한다.
2. 드레싱 재료를 모두 섞는다.
3. 모든 샐러드 재료를 1~2cm 정도 크기로 깍둑썰기 한다.
4. 로메인 상추에 드레싱을 약간 넣어 살살 버무려 접시에 담는다. 각 재료들을 따로 로메인 상추 주위에 빙 둘러 담고 남은 드레싱을 뿌린다.

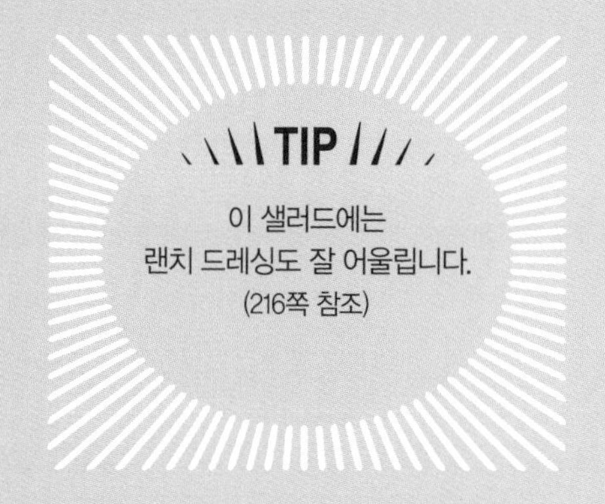

모차렐라 샐러드를 만드는 세 가지 방법

복숭아와 프로슈토 샐러드

준비 시간 5분 • **조리 시간** 5분

[재료] 2인분

- **복숭아** 2개
- 얇게 썰거나 손으로 찢은 **모차렐라 치즈** 125g
- **루콜라** 70g
- 손으로 찢은 **프로슈토** 2장 분량

[드레싱]

- 가늘게 채 썬 **바질** 1큰술
- 다진 **민트** 1큰술
- **발사믹 비니거** 2작은술
- **올리브 오일** 1큰술
- **소금**, 갓 갈아놓은 **흑후추**

만약 여름을 샐러드로 표현한다면 바로 이 샐러드일 겁니다. 신선하고 (만들기에) 재미있고 향긋하죠. 샐러드 재료에 상큼한 화이트 와인 한 잔을 곁들이는 것도 좋습니다.

1. 그리들 팬을 뜨겁게 달군다. 복숭아를 반으로 잘라 씨를 제거한다.
2. 달군 팬에 복숭아 과육을 씨를 뺀 쪽으로 얹어 구운 자국이 생길 때까지 2분 정도 굽는다. 뒤집어서 반복한다. 팬에서 꺼내어 한쪽에 둔다.
3. 모든 드레싱 재료를 섞는다. 복숭아를 작은 덩어리로 자르고 모차렐라 치즈, 루콜라, 프로슈토와 함께 접시에 예쁘게 담는다. 드레싱을 뿌린다.

펜넬, 타라곤과 보타르가 샐러드

준비 시간 5분

V : 보타르가 제외 시

[재료] 2인분

- 얇게 썬 **셀러리** 2줄기 분량
- 다듬어서 필러로 얇게 깎은 **펜넬** 1개 분량
- 다진 **타라곤** 2작은술
- 소금에 절인 **케이퍼**를 물에 헹군 다음 다진 것 2작은술
- **올리브 오일** 2큰술
- **모차렐라 치즈** 150g
- 간 **보타르가***(선택 사항)
- **엑스트라 버진 올리브 오일**
- **소금**, 갓 갈아놓은 **흑후추**

11세기에 사이먼 세쓰라는 사람은 보타르가를 절대 먹으면 안 된다고 했습니다. 말도 안 되는 소리죠. 보타르가에 그냥 모차렐라 치즈만 곁들어 먹어도 얼마나 맛있는데요.

1. 채 썰거나 얇게 깎은 채소들을 접시에 예쁘게 담는다.
2. 펜넬 씨, 타라곤, 케이퍼와 오일을 함께 휘젓는다.
3. 휘저어 섞은 것에 양념을 하고 펜넬과 셀러리에 뿌린다. 그 위에 모차렐라 치즈를 올리고 (만약 재료로 사용한다면) 보타르가를 곱게 갈아 올린 후 엑스트라 버진 올리브 오일을 뿌려 마무리한다.

✓ 보타르가(bottarga) : 숭어알을 소금으로 절인 후 건조한 것, 어란과 흡사하며 주로 갈아서 고명으로 사용한다.

토마토와 바질 샐러드

준비 시간 5분

[재료] 2인분

- 잘 익은 **토마토**의 속을 빼고 얇게 썬 것 200g
- 잘게 썬 **샬롯** 작은 것 1개 분량
- 소금과 함께 으깨어 페이스트로 만든 **마늘** 1/2쪽 분량
- **바질 잎**
- **올리브 오일** 3큰술
- **레드 와인 비니거** 1큰술
- **모차렐라 치즈** 125g
- **소금**

이탈리아의 보석 같은 이 요리는 카프레제 샐러드(카프리 섬에서 유래) 또는 세 가지 색 샐러드로 불립니다. 일부 사람들은 이 음식이 이탈리아 국기를 상징하기 위해 만들어진 애국 음식이라고 생각합니다. 뭐가 됐든 어떤 저가 항공사보다 더 싼 가격으로 당신을 지중해로 데려다줄 것입니다. 물론 비행기가 연착될 일도 없이 말이죠.

1. 토마토, 샬롯, 마늘 페이스트, 바질 잎, 올리브 오일과 레드 와인 비니거를 함께 섞는다.
2. 소금으로 간을 한다.
3. 샐러드 위에 모차렐라 치즈를 올리고 그대로 섞거나 옆에 따로 담아낸다. 바로 먹는다.

구운 닭고기와 초리조 클래식 샐러드

Chargrilled Chicken & Chorizo Club Classic

준비 시간 10분

[재료] 2인분

- **샐러드용 혼합 채소**(우리는 시금치, 로메인과 루콜라를 섞어 씁니다.) 100g
- 직화구이 **닭 다리살** 2~3쪽
- 해동한 **냉동 완두콩** 100g
- 익혀서 식힌 **퀴노아** 100g
- 얇게 썬 **초리조* 소시지** 50g
- 가늘게 채 썬 **피퀴요 고추*** 1개 분량
- **아이올리**(또는 **갈릭 마요**) 1큰술
- **프렌치 비네그레트**(216쪽 참조) 3큰술

✓ 초리조(chorizo) : 매운 양념을 해 건조 숙성시킨 소시지.

레온의 베스트셀러 요리 중 하나입니다. 라이스 박스(밥에 여러 가지 재료를 섞어 박스 모양의 용기에 담은 것) 위에 클럽 토핑을 얹어 내기도 하는데, 약간의 현미와 레온 슬로(194쪽 참조)만 있으면 집에서도 쉽게 만들 수 있습니다.

1. 샐러드 재료들을 층층이 쌓기만 하면 된다. 샐러드용 잎채소부터 시작해서 완두콩과 퀴노아를 층층이 쌓는다.
2. 나머지 재료 전부를 맨 위에 올리고 프렌치 비네그레트 드레싱을 뿌린다.

✓ 피퀴요(piquillo) 고추 : 스페인이 주산지인 고추로 매운맛이 덜하고 단맛이 나는 것이 특징. 고추의 모양이 새의 부리와 닮았다.

TIP

직화구이 닭 다리살은 직화구이 불판이나
그리들 팬에 구워 직접 만들거나
시판 제품을 사용해도 됩니다.
닭 다리살을 구하기 힘들면
닭 가슴살로 대체해도 됩니다.

LEON
CLUB

NATURALLY FAST

스닙잇 샐러드 Snip-it Salad

준비 시간 20분 • 조리 시간 10분

[재료] 2인분

- **파스닙*** 3개
- **올리브 오일** 2큰술
- **사프란** 1자밤
- 송송 썬 **리크*** 1개 분량
- 씨를 빼고 잘게 다진 빨간 **사과** 1개 분량
- 구운 **호두** 다진 것 30g
- 다진 **차이브** 1큰술
- **물냉이** 50g
- **소금**, 갓 갈아놓은 **흑후추**

[드레싱]

- **플레인 요거트** 200g
- **호두 오일** 1큰술
- **메이플 시럽** 2작은술
- **시나몬 가루** 1자밤
- **큐민 가루** 1자밤
- **레몬즙** 2큰술

✓ 파스닙(parsnip) : 설탕 당근이라고도 불리는 뿌리채소. 당근과 비슷하게 생기긴 했지만 색깔이 훨씬 하얗고 특히 요리했을 때 더 달다.

✓ 리크(leek) : 파의 일종. 통째로 조리하거나, 다져서 샐러드나 수프에 넣거나 각종 음식에 이용한다.

가을을 채워줄 샐러드입니다.

1. 파스닙은 껍질을 벗긴 후 채소 필러를 사용하여 길고 가늘게 한가운데까지 깎는다.
2. 커다란 팬에 오일과 사프란을 넣어 달군다. 파스닙을 넣어 몇 분 동안 살짝 볶는다. 불을 줄이고 뚜껑을 덮어 5분 정도 익힌 다음 간을 한다.
3. 2를 커다란 볼에 옮겨 담고 여기에 송송 썬 리크를 넣은 후 저어서 섞은 다음 식혀둔다. (리크는 따로 조리하지 않아도 된다.)
4. 물냉이를 뺀 나머지 재료들을 파스닙, 리크와 함께 섞는다.
5. 드레싱 재료를 모두 휘저어 섞은 뒤 샐러드에 뿌려 버무리며 간을 한다.
6. 접시에 샐러드를 담고 물냉이를 맨 위에 올려 예쁘게 장식한다.

모둠 콩과 퀴노아 샐러드 Keen-bean Quinoa

준비 시간 10분

[재료] 2인분

- 익혀서 식힌 **퀴노아** 100g
- 익힌 **대두 풋콩**(에다마메*) 150g
- 익힌 **완두콩**, 잘게 썬 **생 슈거 스냅**(깍지째 먹는 완두콩), 잘게 썬 **잠두콩**과 **그린빈스**를 섞은 것 250g
- **소금**, 갓 갈아놓은 **흑후추**

[드레싱]

- 으깬 **마늘** 1쪽 분량
- **화이트 와인 비니거** 1큰술
- **메이플 시럽** 1작은술
- **올리브 오일** 3큰술
- 다진 **허브**(타라곤, 차이브, 처빌,* 바질 등) 2큰술

✓ 에다마메(edamame) : 덜 여문 대두라 우리 나라에서는 대두 풋콩이라고 부르며 반찬이나 샐러드 재료로 널리 사용된다. (이후 대두 풋콩으로 표기)

✓ 처빌(chervil) : 파슬리와 비슷한 허브의 일종. 밝은 녹색의 얇은 잎은 감미로운 향을 낸다.

신선하고 빠르죠.

1. 커다란 볼에 콩류와 퀴노아를 넣어 섞은 다음 적당히 간을 한다.
2. 드레싱 재료를 모두 휘저어 섞은 후 샐러드에 넣고 골고루 버무린다.

TIP

이 샐러드는 레온식 '참깨 타마리'나 '중동식 드레싱' 같은 드레싱을 사용해도 잘 어울려요.(126쪽 참조)

수박과 페타 치즈 샐러드 Watermelon & Feta

준비 시간 10분

[재료] 2인분

- 3~4cm 크기로 자른 **수박** 400g
- **적양파 절임** 2큰술(218쪽 참조)
- **페타 치즈** 부스러기 60g
- 볶은 **호박씨** 2큰술
- **블랙 올리브** 10개
- 채 썬 **민트** 2큰술
- **루콜라** 50g
- **소금**, 갓 갈아놓은 **흑후추**

[차려낼 때]

- **엑스트라 버진 올리브 오일**

그야말로 완성형의 과일 샐러드. 하와이안 셔츠를 입고 핑크 와인과 함께 햇볕이 내리쬐는 야외에서 먹으면 최고입니다. 이 샐러드는 레온의 경영이사 글렌을 위한 것입니다.

1. 모든 재료를 샐러드 접시에 잘 담는다.
2. 간을 잘 맞추고 올리브 오일을 뿌린다.

TIP

호박씨를 직접 볶으려면 기름을 두르지 않은 마른 팬에서 호박씨가 톡톡 터지기 시작할 때까지 덖어주면 됩니다.

파졸리 에 톤노 샐러드 Fagioli e Tonno

준비 시간 10분

[재료] 2인분

- 익혀서 물기를 뺀 **흰강낭콩**(카넬리니 콩) 250g
- 건져내서 기름기를 뺀 **통조림 참치** 120g
- 다진 **적양파** 1개 분량
- 다진 **마늘** 2쪽 분량
- **레드 와인 비니거** 1큰술
- 적당히 다진 **이탈리아 파슬리** 2큰술
- **올리브 오일** 2큰술
- 송송 썬 **셀러리** 2줄기 분량
- **소금**, 갓 갈아놓은 **흑후추**

[차려낼 때]

- **파슬리 잎** 약간

이탈리아에서 처음 만든 참치와 콩 샐러드인 파졸리 에 톤노는 그야말로 이국적입니다. 익혀서 말린 콩(자숙 건조콩)을 쓸 수 있다면 더 좋긴 하지만, 급하다면 통조림 콩을 물에 헹군 다음 물기를 빼서 만들어도 훌륭한 샐러드가 됩니다. 낚시로 잡은 참치를 사용한 통조림이 가장 윤리적인 선택이죠. 돌고래들을 보호합시다.*

1. 모든 재료를 잘 섞은 후 간을 맞춘다.
2. 파슬리 잎으로 장식해 낸다.

✓ 이탈리아 고전 요리 중에는 돌고래를 사용하는 요리가 꽤 있는데 이 요리도 원래는 돌고래 고기로 만들었다.

TIP

말린 흰강낭콩을 요리하기 위한 팁

1. 충분한 양의 찬물에 하룻밤 동안 담가둡니다.
2. 물기를 제거한 콩을 냄비에 넣은 후 잠길 만큼 생수를 붓고 통마늘과 로즈메리, 방울토마토 몇 개를 추가합니다.
3. 물이 끓으면 불을 줄여 부드러워질 때까지 1시간 정도 더 뭉근하게 끓입니다. 물기를 잘 빼고 올리브 오일에 버무린 다음 적당히 간을 합니다.

치킨 앤 라이스 누들 샐러드
Chicken & Rice Noodle Salad

준비 시간 10분 • **조리 시간** 5분

[재료] 2인분

- **쌀국수** 50g
- 익혀서 가늘게 찢은 **닭 가슴살** 1쪽 분량
- 가늘게 채 썬 **당근** 1개 분량
- 다진 **쪽파** 6줄기 분량
- 막대 모양으로 썬 **오이** 1/4개 분량 (5mm×5mm×5cm 크기의 막대 모양)
- 채 썬 **배추** 1/4포기 분량
- 다진 **고수·민트·바질** 섞은 것 1큰술
- **검은 참깨** 1큰술

| 드레싱 |

- 다진 **홍고추** 1개 분량
- 으깬 **마늘** 1쪽 분량
- **라임즙** 2큰술
- **피시 소스** 2큰술
- **유채씨 오일** 2큰술
- **팜 슈거** 1큰술

톡 쏘는 드레싱이 접시 바닥까지 핥게 만들 거예요. 이 짜릿하고 상큼한 맛은 오래도록 기억에 남을 거예요.

1. 쌀국수를 포장지에 적힌 지시 사항대로 삶는다. 찬물에 헹군 다음 체에 밭쳐 물기를 제거한다. 국수를 4~5cm 길이로 잘라 커다란 볼에 담는다.
2. 나머지 재료들을 국수에 넣는다. 드레싱 재료를 모두 휘저어 섞은 후 (국수가 있는) 볼에 넣는다. 조물조물 버무리고 취향에 맞게 간을 조절한다.

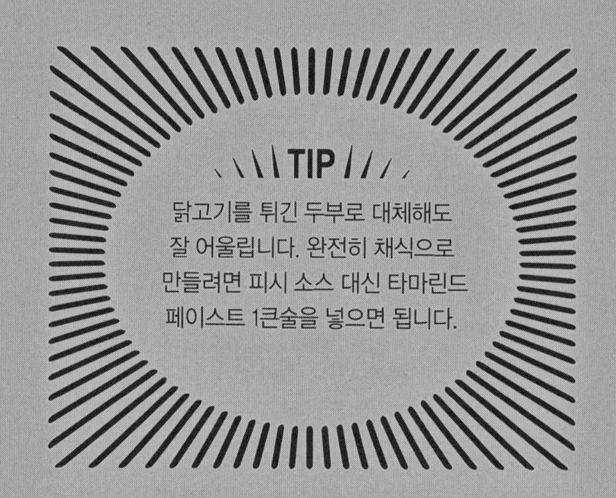

TIP

닭고기를 튀긴 두부로 대체해도 잘 어울립니다. 완전히 채식으로 만들려면 피시 소스 대신 타마린드 페이스트 1큰술을 넣으면 됩니다.

템페와 구운 토르티야 샐러드 Tempeh & Toasted Tortilla

준비 시간 15분 • **조리 시간** 10분

[재료] 2인분

- 다진 **템페** 60g
- 물기를 뺀 **검은콩** 120g
- 익힌 **대두 풋콩** 100g
- 익힌 **옥수수** 1개 분량(알맹이만)
- 깍둑썰기 한 **아보카도** 1/2개 분량
- 다진 **오렌지**(또는 **빨간색 파프리카**) 1/2개 분량
- **옥수수 토르티야** 2장
- **소금**, 갓 갈아놓은 **흑후추**

[드레싱]

- **올리브 오일** 3큰술
- **라임즙** 1큰술
- 다진 **홍고추** 1개 분량
- 다진 **마늘** 1쪽 분량
- 다진 **고수** 2큰술

콩을 쪄서 발효시켜 만든 인도네시아 음식, 템페는 영양이 풍부한 고단백 식품이며 소화가 잘됩니다. 풍미를 제대로 품어주고 두부의 대체품으로 각광을 받고 있죠.

1. 오븐을 160℃로 예열한다.
2. 커다란 볼에 토르티야를 제외한 모든 샐러드 재료를 넣어 섞는다.
3. 토르티야를 가늘고 길게 자른다. 토르티야 조각들이 노릇하고 바삭해질 때까지 오븐에 10분 정도 굽는다. 오븐에서 꺼내 잠시 둔다.
4. 토르티야를 굽는 동안 드레싱 재료들을 모두 섞고 샐러드에 뿌려 버무린다. 맛있게 간을 하고 바삭한 토르티야 조각들을 올려서 마무리한다.

TIP

옥수수를 익히려면 10분 정도 물에 삶습니다. 그리고 샐러드에는 낱알만 떼어내어 사용합니다. 아니면 냉동 옥수수나 옥수수 통조림을 사용할 수도 있습니다.

따뜻하게 먹고 싶으면 토르티야와 함께 템페도 오븐에 데워 만들 수 있습니다.

핑크 자몽과 게 샐러드 Crab with Pink Grapefruit

준비 시간 15분

[재료] 2인분

- **게살** 150g
- **올리브 오일** 1큰술
- **레몬즙** 1큰술
- **핑크 자몽** 1개 분량의 세그먼트*
- 깍둑썰기 한 **아보카도** 1개 분량
- **물냉이** 50g
- 다진 **차이브** 1큰술
- **소금**, 갓 갈아놓은 **흑후추**, **카이엔 페퍼**

| 드레싱 |

- **마요네즈** 2큰술
- 푸른 잎 부분만 곱게 다진 **쪽파** 4줄기 분량
- 껍질을 벗겨 곱게 간 **생강** 1~2cm 조각 1개 분량
- **간장** 1작은술
- **라이스 비니거** 1작은술

✓ 세그먼트(segment) : 주로 오렌지 같은 시트러스류를 원형 그대로 껍질을 벗기고 하얀 막으로 나누어진 결대로 과육만 잘라낸 것을 말한다.

존은 영국 저지의 세인트 브렐레이드 베이의 크랩 섁에서 모래성을 만들다가 결혼반지를 잃어버리는 바람에 그에 대한 사과의 의미로 케이티에게 이 레시피를 바치고 싶어 합니다. 그리고 반지를 함께 찾으려고 애써준 페니즈에게도요.

1. 게살에 올리브 오일, 레몬즙, 소금 그리고 카이엔 페퍼로 간을 한다.
2. 나머지 샐러드 재료들과 함께 게살을 접시에 예쁘게 담는다.
3. 드레싱 재료를 모두 볼에 넣고 고루 섞은 뒤 소금, 흑후추, 카이엔 페퍼로 간을 하여 샐러드 옆에 따로 담아낸다.

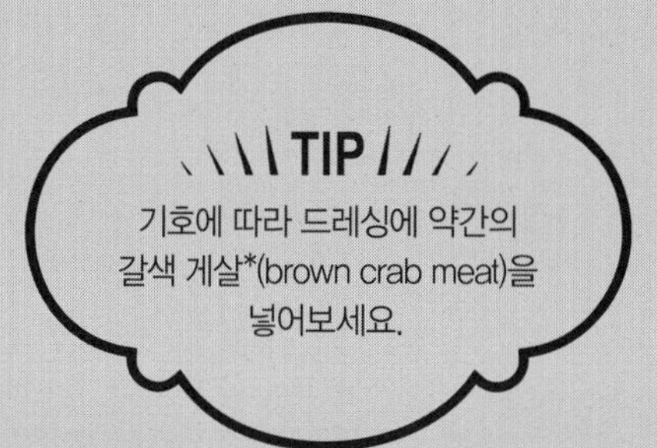

✓ 갈색 게(brown crab) : 특정 게의 품종으로 집게다리와 몸통에 살이 많고 약간의 털이 있으며 살아 있을 때 갈색이다. 게살을 발라 스프레드용 상품으로도 생산되고 있다. 구하기 힘들면 대게로 대체 가능하다. (게살 스프레드는 대게 살, 마요네즈, 칠리소스를 섞어 만들 수 있다.)

트라파네제 페스토와 리코타 살라타를 곁들인 주키니 샐러드
Courgetti With Trapanese Pesto & Hard Ricotta

준비 시간 15분 • **조리 시간** 2분

[재료] 2인분

- **주키니 호박** 3개
- **올리브 오일** 3큰술
- **소금**, 갓 갈아놓은 **흑후추**
- 강판에 간 **리코타 살라타*** 2큰술

[페스토]

- **마늘** 2쪽
- 구운 **아몬드 플레이크** 50g
- **바질 잎** 작은 다발 1개 분량
- **올리브 오일** 3큰술
- 껍질을 벗겨 잘게 썬 **토마토** 200g
- 강판에 간 **페코리노 치즈*** 2큰술
- **소금**, 갓 갈아놓은 **흑후추**

✓ 리코타 살라타(ricotta salata) : 염장해서 물기를 짜낸 다음 숙성과 건조 과정을 거친 리코타 치즈. 이 과정에서 질감이 단단해지므로 경성 리코타(hard ricotta)라고 하며 파스타의 토핑으로 많이 쓴다. .

✓ 페코리노 치즈(pecorino) : 양젖으로 만든 이탈리아 치즈로 약간 알싸한 맛이 난다.

이 샐러드는 건강함을 더한 파스타 요리입니다. 또 시칠리 트라파니 스타일의 페스토는 정말 맛있어요. 회전식 채칼을 구할 수 없다면 채소 필러를 사용하세요.

1. 회전식 채칼로 주키니 호박을 가늘고 길게 썰어 면처럼 만든다. 넓은 프라이팬에 올리브 오일을 넣고 달군 다음 주키니 면을 넣어 1분 정도 볶는다. 소금, 흑후추로 간을 하고 커다란 볼에 옮겨 담는다.
2. 절구 또는 푸드 프로세서를 사용하여 마늘, 아몬드, 바질을 간 다음 올리브 오일을 섞는다. 여기에 잘게 썬 토마토를 넣어 으깨면서 섞는다. 마지막에 페코리노 치즈를 넣고 한 번 더 섞어준 뒤 소금, 흑후추로 간을 하여 페스토를 완성한다.
3. 주키니 면에 페스토를 넣어 조물조물 버무리고 리코타 살라타 치즈를 갈아 맨 위에 얹어 낸다. (리코타 살라타를 얇게 저며 추가로 올려도 좋다.)

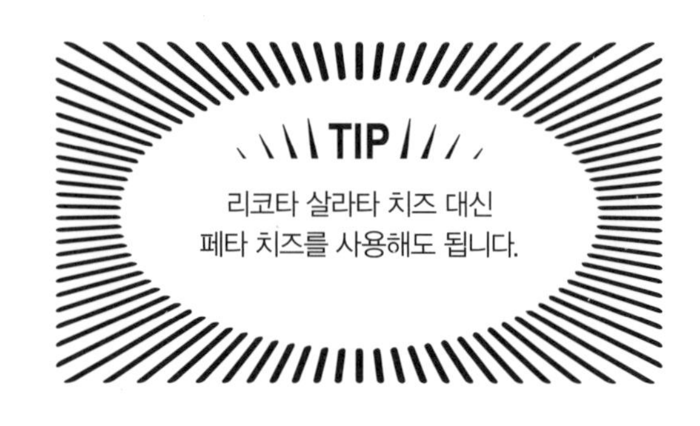

새우 & 핑크 페퍼콘 샐러드

Brown Shrimp & Pink Peppercorn

준비 시간 15분(소금에 절이는 시간 추가) • **조리 시간** 5분

[재료] 2인분

- 얇게 저민 **오이** 1/4개 분량
- 가로로 얇게 썬 **리크** 2개 분량
- **곰새우*** 100g
- 곱게 갈은 **육두구**
- **카이엔 페퍼** 1자밤
- 완숙으로 **삶은 달걀** 1개
- 가늘게 채 썬 **래디시** 2개 분량
- 다진 **딜** 1큰술
- **핑크 페퍼콘*** 2큰술
- **마늘** 1/2쪽
- **올리브 오일** 2큰술
- **레몬즙** 1큰술
- **소금**

\\\\\ TIP ////

핑크 페퍼콘은 진짜 후추가 아닙니다. 미묘하게 후추 향이 나는 말린 베리류랍니다. 핑크 페퍼콘을 구할 수 없다면 흑후추를 사용하세요.

오이를 소금에 살짝 절여 사용하면 삼투압 현상으로 물기가 빠져서 샐러드가 눅눅해지거나 물기가 흥건해지는 현상을 방지할 수 있습니다.

제인과 존 모두 이 샐러드를 아주 좋아합니다. 이 샐러드의 다양한 버전을 만들어내는 것이 레온 레스토랑의 특색이기도 하죠. 제인은 모둠 전채 요리 메뉴에 이 샐러드를 넣어 구성하기를 매우 좋아합니다. 존은 최근에 영국 남쪽 해안에 있는 휴양지인 카우즈의 작은 선상 갤러리에서 이 샐러드를 만들었지요. 상점들이 문을 닫아서 곰새우 대신 대하를 넣었는데 맛이 괜찮았답니다.

1. 얇게 저민 오이에 소금을 약간 뿌려 버무린 후 15분 정도 체에 밭쳐둔다.
2. 리크를 익을 때까지 약 5분간 찐 다음 간을 해 식힌다.
3. 소금에 살짝 절인 오이를 접시에 예쁘게 펼쳐 담는다. 리크와 새우를 올린다. 곱게 간 육두구를 듬뿍 뿌리고 카이엔 페퍼와 소금으로 간을 한다. 그 위에 삶은 달걀을 다져 얹고 래디시와 딜을 뿌려준다.
4. 핑크 페퍼콘과 마늘을 함께 절구로 빻는다. 올리브 오일과 레몬즙을 넣어 잘 섞은 후 샐러드에 뿌린다.

✓ 곰새우(brown shrimp) : 매우 흔한 새우로 얕은 바다의 모래 진흙 속에서 산다. 한국을 비롯하여 세계 여러 나라에 분포한다. 비슷한 종에 자주새우가 있다.

✓ 핑크 페퍼콘(pink peppercorn) : 후추와는 아무 상관이 없는 다른 식물의 열매로 특유의 독성 성분 때문에 자주 수입이 중단되기도 한다. 단맛이 있고 약하게 톡 쏘는 끝 맛이 매력적이다. 특히 색이 예뻐서 일상식과 디저트에 두루 사용된다.

프로슈토, 고깔 양배추와 파르메산 치즈 샐러드
Hispi, Prosciutto & Parmesan

준비 시간 10분

[재료] 2인분

- 채 썬 **고깔 양배추*** 1/4개 분량
- 얇게 저민 **펜넬** 1개 분량
- 얇게 저민 **프로슈토** 4장
- 질 좋은 **발사믹 비니거** 2큰술
- **올리브 오일** 2큰술
- **소금**, 갓 갈아놓은 **후추**

[차려낼 때]

- 얇게 저민 **파르메산 치즈** 30g

✓ 고깔 양배추(hispi cabbage) : 원뿔 모양의 양배추. 일반 양배추보다 더 달고 부드럽다. 일반 양배추를 대신 사용해도 괜찮다.

✓ 만돌린(mandoline) : 채소를 다양한 형태로 썰 수 있는 다용도 채칼로 와플 형태로 만들 때 매우 유용하다.

각각의 재료 자체를 자연 그대로 먹는 간편 샐러드입니다. 그냥 섞기만 하면 되죠.

1. 커다란 볼에 모든 재료를 넣고 조물조물 버무린 후 맛있게 간을 한다.
2. 샐러드를 접시에 담고 파르메산 치즈를 얹어 낸다.

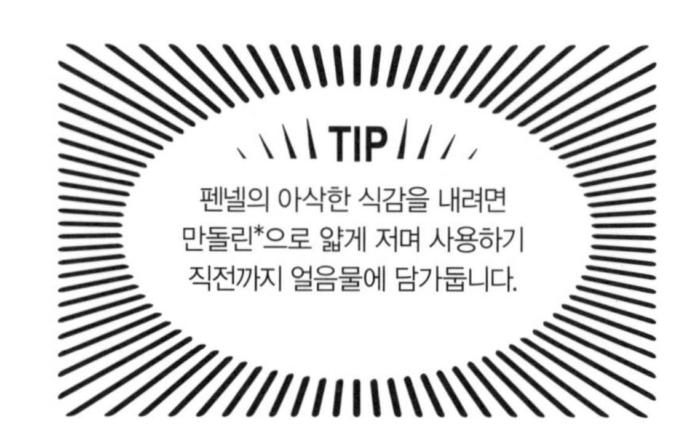

TIP

펜넬의 아삭한 식감을 내려면
만돌린*으로 얇게 저며 사용하기
직전까지 얼음물에 담가둡니다.

채소, 달걀과 햄 샐러드 Green, Eggs & Ham

준비 시간 15분 • **조리 시간** 5분

[재료] 2인분

- 성냥개비 크기로 가늘게 썬 **셀러리악*** 200g
- 잘게 썬 **초록 사과** 1개 분량
- **머스터드 마요네즈** 2큰술(218쪽 참조)
- 다진 **타라곤·차이브·파슬리** 각각 1큰술
- 다진 **케이퍼** 1큰술
- 다진 **마늘** 1쪽 분량
- 다진 **거킨**(피클용 작은 오이) 1큰술
- 잘게 다진 **샬롯** 1개 분량
- 손으로 대충 잘게 찢은 **햄혹**(뒷다리 햄) 120g
- 4등분한 삶은 **달걀** 2개 분량
- **마타리 상추***(또는 퍼슬린–서양 쇠비름) 50g
- **소금**, 갓 갈아놓은 **흑후추**

✓ 셀러리악(celeriac) : 뿌리 셀러리. 줄기 밑동만 먹는데 주로 얇게 썰어 먹거나 익혀서 퓌레로 만든다.

✓ 마타리 상추(lamb's lettuce) : 옥수수밭에서 잘 자라기 때문에 콘 샐러드라고도 부르며 허브에 가까운 채소이다.

TIP

햄혹 외에 입맛에 맞는
다른 햄을 사용해도 괜찮아요.

빨간 사과를 넣을 수도 있습니다. 그 편이 더 맛있을지도 모르겠어요.

1. 햄과 달걀, 잎채소를 제외한 모든 재료를 커다란 볼에 넣고 잘 섞은 다음 간을 한다.
2. 접시에 햄, 삶은 달걀, 마타리 상추와 함께 예쁘게 담아낸다.

중동식 향신료를 가미한 퀴노아 샐러드

Middle Eastern Spiced Quinoa

준비 시간 10분

[재료] 2인분

- 익혀서 식힌 **퀴노아** 200g
- 가늘게 채 썬 **당근** 1개 분량
- 깍둑썰기 한 **아보카도** 1개 분량
- 익힌 **대두 풋콩** 100g
- 다진 **피스타치오** 2큰술
- 말린 **살구** 다진 것 6개 분량
- **소금**, 갓 갈아놓은 **흑후추**

[드레싱]

- **올리브 오일** 3큰술
- **석류 시럽** 1큰술
- **레몬즙** 1큰술
- **수막 가루** 1자밤
- 다진 **딜·민트** 섞은 것 1큰술

풍성한 맛의 간편한 샐러드. 양을 두 배로 만들어서 회사에 도시락으로 가져가면 동료들로부터 부러운 눈길을 받게 될 거예요.

1. 볼에 샐러드 재료들을 담아 섞는다.
2. 드레싱 재료들을 볼에 넣고 휘저어 섞은 후 샐러드에 넣고 버무린다. 맛있게 간을 한다.

TIP

퀴노아를 잘 익히는 방법

1. 충분한 양의 찬물로 퀴노아를 씻어서 물기를 잘 뺍니다.
2. 10분 정도 말린 후 물이나 육수를 넣기에 앞서 중간 불에 약간의 기름을 두르고 퀴노아를 볶습니다.
3. 퀴노아의 1.5배 정도의 물을 붓습니다. 물 대신 치킨 스톡이나 채소(야채) 스톡을 넣어도 됩니다.
4. 15분 정도 익힌 후 10분 정도 뜸을 들여 포슬포슬하게 만듭니다.

튀긴 할루미 치즈와 아보카도 샐러드 Fried Halloumi & Avocado

준비 시간 15분 • **조리 시간** 5분

   GF : 피타 브레드 제외 시

[재료] 2인분

- **할루미 치즈** 100g
- **올리브 오일** 1큰술
- **토마토** 150g
- **아보카도** 1개
- **미니 로메인** 2포기
- **후무스*** 2큰술
- **소금**, 갓 갈아놓은 **흑후추**

[드레싱]

- 구워서 다진 **아몬드** 2큰술
- 잘게 다진 **피쿼요 고추** 1개 분량
- **발사믹 비니거** 1큰술
- **올리브 오일** 3큰술
- 다진 **차이브** 1큰술
- **메이플 시럽** 1작은술

[차려낼 때]

- **피타 브레드** 2개 (선택 사항)

✓ 후무스(hummus) : 중동 지역의 향토 음식으로 삶거나 찐 병아리콩을 올리브 오일과 각종 향신료를 넣어 갈아서 만든다.

튀긴 치즈는 사실 별다른 소개가 필요 없죠. 당연히 맛있을 테니까요. 샐러드로 내어도 좋고, 피타 브레드 속에 채워서 내어도 좋습니다.

1. 할루미 치즈를 1cm 두께로 자른 다음 키친타월로 물기를 잘 제거한다. 코팅된 프라이팬에 올리브 오일을 둘러 달군 다음 할루미를 약 2분간 양면이 노릇하게 익을 때까지 굽는다. 팬에서 꺼내 키친타월 위에 올려 기름을 제거한다.
2. 토마토와 아보카도를 썬다. 미니 로메인을 웨지 모양으로 6등분하고 그리들 팬에 굽는다.
3. 드레싱 재료를 모두 넣고 휘저어 섞은 후 맛있게 간을 한다.
4. 채소들을 모두 접시에 예쁘게 담고 간을 한 다음 후무스를 조금씩 덜어 군데군데 얹고 그 위에 구운 할루미를 얹는다. 샐러드 위에 드레싱을 뿌리고 기호에 따라 피타 브레드를 함께 낸다.

TIP

스페인 피쿼요 고추는 평상시 갖춰두면 매우 좋은 식재료로, 잘게 다져서 샐러드에 넣거나 퓌레로 만들거나 드레싱에 섞어 맛을 낼 수도 있습니다.

훈제 고등어와 양배추, 비트 샐러드

Carry Away Mackerel

준비 시간 15분 • **조리 시간** 2분

[재료] 2인분

- 가늘게 채 썬 **고깔 양배추** 1/4개 분량
- 가늘게 채 썬 **비트** 큰 것 1/2개 분량
- **적양파 절임** 2큰술(218쪽 참조)
- **캐러웨이* 씨** 1큰술
- **사우어크라우트*** 2큰술
- **호스래디시**를 강판에 곱게 간 것 2cm 큐브 크기 1개 분량
- **사워크림**(또는 **크렘 프레슈***) 1큰술
- 질 좋은 **훈제 고등어**를 조각조각 찢은 것 150g
- 잘게 썬 **차이브** 1큰술
- **소금**, 갓 갈아놓은 **흑후추**

✓ 캐러웨이(caraway) : 레몬 향이 나는 2년초. 씨앗은 그대로 사용하거나 살짝 부수어 쓰기도 하는데 주로 단맛을 내기 위해 사용한다.

✓ 사우어크라우트(sauerkraut) : 잘게 썬 양배추를 발효시켜 만든 시큼한 맛이 나는 독일식 양배추 절임이다.

✓ 크렘 프레슈(crème fraîche) : 젖산을 첨가해 약간 발효시킨 크림으로 사워크림과 아주 유사한 프랑스 유제품이다.

이 샐러드를 들고 정원에 나가 바닥에 천을 깔고 앉아 먹어보세요. 단, 흘리지 않게 주의하시길. 나중에 고등어가 썩어서 퀴퀴한 냄새가 나는 피크닉을 하게 될지도 모르니까요.

1. 고깔 양배추, 비트, 적양파 절임을 커다란 볼에 넣고 섞는다.
2. 작은 팬을 달궈 캐러웨이 씨를 향이 나도록 볶은 다음 절구로 적당히 빻아 샐러드 볼에 넣는다.
3. 나머지 재료를 넣어 섞고 간을 한다.

소금과 물 샐러드 Acqua e Sale

준비 시간 15분

[재료] 2인분

- 반으로 자른 **방울토마토** 200g
- 다진 **마늘** 1쪽 분량
- **적양파 절임** 2큰술(218쪽 참조)
- 껍질을 벗겨 씨를 제거하고 길게 4등분한 후 1cm 정도 크기로 썬 **오이** 1/2개 분량
- 다진 **파슬리 잎** 1큰술
- 말린 **오레가노** 넉넉하게 1자밤
- **엑스트라 버진 올리브 오일** 100ml
- 딱딱하게 굳은* **사워도우**(또는 **치아바타**)를 잘게 뜯은 것 150g
- **소금**, 갓 갈아놓은 **흑후추**

✓ 판자넬라(panzanella) : 오래된 빵과 토마토, 적양파, 오이 등의 재료에 올리브 오일을 첨가한 이탈리아 토스카나식 브레드 샐러드이다.

✓ 굳은 빵(stale bread) : 보통 빵이 일정 시간이 지나서 딱딱하게 굳어 그 상태로는 먹지 못할 단계에 이른 것을 두고 'stale bread'라 한다. 이런 빵들로 샐러드 같은 요리들을 만들면 드레싱을 흠뻑 빨아들인다. 이 빵을 다시 원상태로 되돌리려면 물에 적셔 예열된 오븐에 구우면 된다.

이탈리아 뿔리아 주에서 탄생한 이 요리는 전통적으로 남은 재료를 활용해 만드는 판자넬라*를 살짝 변형한 것입니다. '소금과 물' 그리고 당연히 몇 가지 다른 재료도 더 들어갑니다.

1. 토마토와 마늘, 적양파 절임, 오이, 파슬리와 오레가노를 섞는다. 간을 하고 올리브 오일로 잘 버무린다.
2. 빵 조각에 물 50ml를 뿌리고 채소와 함께 뒤섞는다.
3. 올리브 오일을 더 뿌리고 다시 간을 한다.

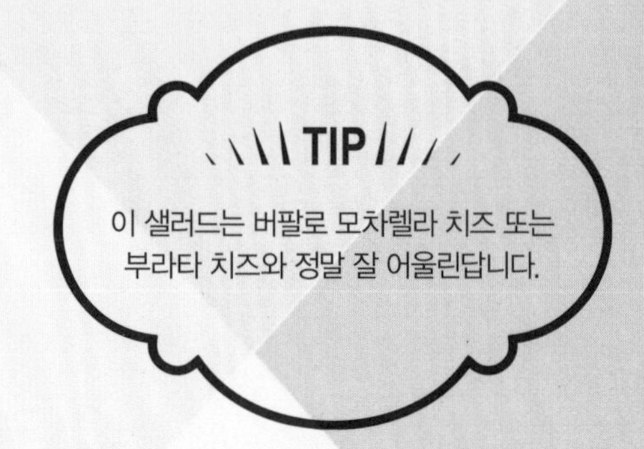

파스트라미 샐러드위치 Pastrami Saladwich

준비 시간 15분 • **조리 시간** 2분

[재료] 2인분

- 채 썬 **사보이 양배추*** 1/4개 분량
- 채 썬 **셀러리악** 150g
- 채 썬 **당근** 큰 것 1개 분량
- 가늘고 길게 썬 **파스트라미*** 100g
- 송송 썬 **쪽파** 4줄기 분량
- 다진 **차이브** 1큰술

[드레싱]

- **올리브 오일** 2큰술
- **검은 머스터드 씨** 2큰술
- **잉글리시 머스터드** 2작은술
- 다진 **마늘** 1쪽 분량
- **사이더 비니거*** 1큰술
- **소금**, 갓 갈아놓은 **흑후추**

파스트라미 샌드위치를 재미있게 변형시킨 샐러드.

1. 모든 샐러드 재료를 커다란 볼에 넣고 잘 섞는다.
2. 작은 프라이팬에 올리브 오일을 두르고 달군다. 머스터드 씨를 넣고 톡톡 튀기 시작하면 불에서 내려 다른 드레싱 재료들을 넣고 휘저어 섞은 다음 간을 한다.
3. 샐러드에 드레싱을 뿌리고 잘 버무린다.

✓ 사보이 양배추(savoy cabbage) : 잎에 격자무늬의 조직이 있는 양배추로 일반 양배추보다 더 부드럽고 봉오리가 퍼져 있는 모양이다. 조직이 연해서 주로 속을 채우거나 말아서 요리에 사용한다.

✓ 파스트라미(pastrami) : 양념한 소고기를 훈제하여 차게 식힌 것.

✓ 사이더 비니거(cider vinegar) : 사과 음료 발효 식초로 일반 사과 식초와는 다르다.

TIP

여분의 양배추와 셀러리악은 머스터드 드레싱으로 맛을 내어 슬로를 만들어보세요.
파스트라미 대신 브레사올라(이탈리아 전통 염장 소고기 햄)를 사용해도 좋아요.

한치 오르초 샐러드 Squid Orzo Salad

준비 시간 10분 • **조리 시간** 12분

이 해산물 요리가 접시 위에서 순식간에 사라지는 걸 볼 수 있을 겁니다. 행운을 가져다주는 샐러드. 그 이름은 오르초!

[재료] 2인분

- **오르초* 파스타** 100g
- **올리브 오일** 1½큰술
- 씻어서 배를 갈라 평평하게 만든 **한치** 200g
- **칠리 파슬리 갈릭 드레싱**(218쪽 참조)
- **루콜라** 50g
- **소금**, 갓 갈아놓은 **후추**

✓ 오르초(orzo) : 쌀 또는 씨앗과 닮은 작은 모양의 파스타.

✓ 쿠스쿠스(couscous) : 북아프리카와 중동 지방의 곡물 요리 혹은 그 곡물을 가리키는 단어로 밀가루가 수분을 흡수하면서 동그랗게 뭉쳐진 것을 뜨거운 물에 익혀 먹던 것에서 유래했다. 현재는 세몰리나 밀가루에 수분을 가하여 좁쌀 모양으로 동그랗게 성형된 것이 상품으로 판매되며 찌거나 뜨거운 물에 불려서 요리에 사용한다. 이스라엘 쿠스쿠스는 다른 쿠스쿠스에 비해 입자가 커서 '자이언트 쿠스쿠스'라고도 불린다.

1. 오르초 파스타를 포장지에 적힌 지시 사항대로 삶는다. 체에 밭쳐 물기를 제거하고 올리브 오일 1큰술을 골고루 뿌린다.
2. 그리들 팬을 아주 뜨겁게 달군다. 남은 올리브 오일에 잘 버무려 맛있게 간을 한 한치를 팬에 올려 뒤집어가며 1~2분 정도 굽는다. 굽는 시간은 한치 크기에 따라 조절한다. 한치 다리는 2분 정도 조금 더 익힌다. 불에서 내려 식힌다.
3. 한치를 적당한 두께로 채 썬다.
4. 오르초 파스타에 칠리 파슬리 갈릭 드레싱, 한치와 루콜라를 넣고 버무린다. 맛있게 간을 한다.

TIP

손질된 냉동 오징어를 구입해 사용해도 됩니다. 오르초를 구할 수 없다면 작은 모양의 다른 파스타를 사용해도 됩니다. 이스라엘 쿠스쿠스*도 잘 어울리죠.

코슈아즈 샐러드 Cauchoise

준비 시간 10분 • **조리 시간** 20분

[재료] 2인분

- **햇감자** 200g
- 송송 썬 **셀러리** 3줄기 분량
- 다진 **타라곤·처빌·차이브** 섞은 것 1큰술
- **크렘 프레슈** 2큰술
- 다진 **쪽파** 4줄기 분량
- **물냉이** 50g
- 가늘고 길게 썬 **햄** 50g

[드레싱]

- **디종 머스터드** 1작은술
- **사이더 비니거** 1큰술
- 다진 **마늘** 1쪽 분량
- **유채씨 오일** 3큰술
- **소금**, 갓 갈아놓은 **흑후추**

[차려낼 때]

- **처빌 잎** (선택 사항)

✓ 코슈아즈(cauchoise) : 노르망디 페이 드 코(Pays de Caux) 지역의 전통 샐러드. 주재료로는 감자와 셀러리가 사용되며 햄과 그뤼에르 치즈, 호두를 추가하기도 한다. 노르망디 특산의 사이더 비니거와 크림 드레싱을 곁들인다.

코슈아즈* 샐러드는 프랑스 노르망디 페이 드 코에서 유래된 전통 샐러드입니다. 일단 양이 많아서 만족스럽고 발음도 재미있죠.

1. 감자를 끓는 물에 넣고 부드러워질 때까지 삶는다. 감자가 익는 동안 드레싱 재료를 모두 휘저어 섞고 맛있게 간을 한다.
2. 감자를 건져 물기를 제거한 뒤 열기가 남아 있을 때 샐러드 드레싱에 버무린 다음 잠시 식힌다. 손으로 만질 수 있을 정도로 식으면 감자를 작은 조각으로 잘라 드레싱 속에 넣는다.
3. 위의 감자 믹스에 셀러리, 허브, 크렘 프레슈와 쪽파를 넣고 섞는다.
4. 접시에 물냉이를 깔고 샐러드를 얹은 후 그 위에 가늘고 길게 썬 햄을 올려 낸다. (처빌 잎을 올려 장식해도 좋다.)

벨기에풍 스테이크 샐러드 Belgian Steak

준비 시간 15분 • **조리 시간** 8분

| **재료** | 2인분

- 먹기 좋은 크기로 썬 **치커리** 1포기 분량
- 먹기 좋은 크기로 썬 **라디키오*** 1/4포기 분량
- 먹기 좋은 크기로 썬 **리크** 1개
- **설로인 스테이크**(또는 다른 부위) 200~250g
- **올리브 오일** 1큰술
- 도톰하게 썬 **양송이버섯** 100g
- **소금**, 갓 갈아놓은 **흑후추**

| **드레싱** |

- **머스터드 마요네즈** 2큰술(218쪽 참조)
- 다진 **차이브** 1큰술

✓ 라디키오(radicchio) : 치커리의 일종으로 잎은 자색이며, 양상추와 같은 구조로 속이 차 있고 진홍색 잎에 하얀 결이 전체적으로 그물처럼 싸고 있다. 쌉쌀하고 독특한 맛이 일품이다.

✓ 레스팅(resting) : 고기를 굽기 전후에 상온에 잠시 그대로 두는 것을 말한다. 차가운 고기를 그대로 구우면 열이 심부까지 침투하지 못하여 중심부가 날고기 그대로 남는 경우가 있는데 이를 방지할 수 있고, 또 구운 후에는 심부에 남아 있는 육즙이 건조한 외부로 퍼져나가 전체적으로 다즙성이 개선되는 효과를 볼 수 있기 때문이다.

스테이크 프릿츠(스테이크와 감자튀김)는 벨기에의 국민 요리라고 합니다. 이 레시피에는 감자튀김이 없지만 감자튀김을 곁들이고 싶다면 굳이 말릴 이유는 없죠.

1. 치커리, 라디키오와 리크를 커다란 볼에 담아 섞는다.
2. 그리들 팬을 뜨겁게 달군다. 스테이크에 약간의 올리브 오일을 바르고 맛있게 간을 한다. 뒤집어 가며 양쪽 면을 1~2분씩 굽고 접시에 옮겨 뚜껑을 덮지 않은 채 레스팅* 한다.
3. 같은 팬에 양송이버섯을 넣고 갈색으로 익을 때까지 볶은 후 잠시 한쪽에 둔다.
4. 1을 머스터드 마요네즈와 함께 버무리고 차이브를 뿌린 다음 간을 한다. 여기에 2의 버섯을 넣어 버무린다. 스테이크를 썰어 드레싱에 버무린 샐러드 위에 얹어 낸다. (길게 썬 차이브를 올려 꾸며주어도 좋다.)

TIP

혹시 여분의 로스프 비프가 있다면
이 샐러드를 만드는 데 사용해보세요.

LUNCH BOX

핑크 퀴노아 샐러드 Pink Quinoa

준비 시간 10분

DF, Ve : 할루미 제외 시

[재료] 1인분

- 익혀서 식힌 **퀴노아** 200g
- 익힌 **비트** 100g
- **석류 시럽** 2작은술
- **오렌지즙** 오렌지 1/2개 분량
- **올리브 오일** 1큰술
- 다진 **마늘** 1쪽 분량
- **석류알** 석류 1/4개 분량
- 슬라이스한 **래디시** 3개 분량
- 다진 **적양파** 1/2개 분량
- **수막 가루** 1자밤
- **소금**, 갓 갈아놓은 **흑후추**

[차려낼 때]

- **구운 할루미** 부스러기(125쪽 참조, 선택 사항)

걱정은 금물. 핑크 퀴노아는 한 번도 들어본 적이 없는 새로운 종의 퀴노아가 아닙니다. 비트 때문에 핑크색을 띠게 되는 거죠. 당신이 늘 먹어온 그 퀴노아가 맞습니다.

1. 퀴노아를 볼에 담는다.
2. 비트를 비롯해 다진 마늘까지 5가지 재료를 한꺼번에 핸드 블렌더로 갈아 비트 드레싱을 만들고 간을 한다.
3. 퀴노아에 비트 드레싱을 듬뿍 뿌려서 섞고 나머지 재료를 넣어 버무린다.

대추 요거트를 곁들인 프리카 샐러드

Vegetable Freekeh with Date Yoghurt

준비 시간 15분 • **조리 시간** 40분

[재료] 1인분

- **파스닙** 2개
- **당근** 2개
- **프리카***(또는 훈제 프리카) 100g
- **올리브 오일** 2큰술
- **소금**, 갓 갈아놓은 **흑후추**

[드레싱]

- 강판에 간 **오렌지 껍질과 즙** 오렌지 1/2개 분량
- 다진 **마늘** 1/2쪽 분량
- **플레인 요거트** 2큰술
- **큐민·카다멈* 가루** 각각 1자밤
- 씨를 빼내고 잘게 다진 **대추** 4개 분량
- 잘게 다진 **홍고추** 1개 분량
- **꿀** 1작은술
- 다진 **민트** 1작은술

[차려낼 때]

- **물냉이** 1다발
- **석류알** 적당량
- 다진 **민트** 약간
- **자타르*** 약간

✓ 프리카(freekeh) : 조기 수확한 듀럼밀로 만든 쿠스쿠스 등의 원재료. 중동 지역이 원산지. 곡물 그 자체 혹은 이 곡물로 만든 요리 이름. 필라프, 쿠스쿠스 등을 만들 때 쓰인다.

만약 전날 밤에 만들어둔다면 도시락을 싸기 직전까지 물냉이 등 가니시는 따로 보관하세요.

1. 오븐을 190℃로 예열한다. 파스닙과 당근 껍질을 벗기고 길게 4등분한 다음 올리브 오일 1큰술을 넣고 버무린다. 간을 하고 베이킹 트레이에 담아 부드러워질 때까지 40분 정도 굽는다.
2. 그 사이에 프리카를 포장지에 적힌 지시 사항대로 씻어서 조리한다. 프리카의 물기를 제거한 뒤 올리브 오일 1큰술을 넣고 버무린다. 따뜻할 때 간을 한다.
3. 드레싱 재료를 모두 볼에 넣고 휘저어 섞는다. 소금과 흑후추로 간을 한다.
4. 구운 채소들, 프리카, 물냉이를 함께 살살 섞은 다음 접시에 예쁘게 담는다. 그 위에 요거트 드레싱을 뿌리고 석류알과 다진 민트, 자타르를 올려서 낸다.

✓ 카다멈(cardamom) : 서남 아시아산 생강과 식물 씨앗을 말린 향신료.

✓ 자타르(za'atar) : 백리향과 오레가노 풍미가 나는 허브.

TIP

변화를 주고 싶으면 채소를 웨지 모양으로 썰어 끓는 물에 살짝 데쳐 물기를 제거하고 올리브 오일로 버무린 다음 그리들 팬에 노릇해질 때까지 구워 사용합니다. 여기에서 언급한 채소들 외에 호박, 늙은 호박 및 셀러리악 같은 다른 채소를 써도 좋습니다.

고등어와 쿠스쿠스 샐러드 Cured Mackerel

준비 시간 40분(고등어를 소금에 절이는 시간 추가) • **조리 시간** 10분

[재료] 1인분

- 가시를 제거한 **고등어 필렛** 150g
- **소금** 1작은술
- **물** 50ml
- **화이트 와인 비니거** 50ml
- **브라운 슈거** 25g
- 익힌 **완두콩** 50g
- 얇게 썬 **거킨 피클** 작은 것 10개 분량
- 다진 **루콜라** 1개 분량
- **올리브 오일** 1큰술
- 다진 **딜** 1큰술
- 익힌 **이스라엘 쿠스쿠스** 150g
- **마타리 상추** 1줌
- **소금**, 갓 갈아놓은 **흑후추**
- **엑스트라 버진 올리브 오일**

✓ Cure는 절이다와 치료하다라는 의미를 갖는다. 저자가 동음 이의어를 유머로 표현한 것.

고등어가 나았도다.* 기뻐하라.

1. 키친타월로 고등어의 물기를 잘 제거하고 소금을 뿌려 20분 정도 둔다. 고등어 필렛에서 남은 소금을 털어내고 다시 물기를 제거한 다음 볼에 담는다.
2. 물과 화이트 와인 비니거에 브라운 슈거를 넣어 설탕이 완전히 녹고 물이 뜨거워질 때까지 가열한다.
3. 2를 1의 고등어에 부어 살짝 익을 때까지 몇 분 기다렸다가 고등어를 꺼낸다. (고등어 두께에 따라 시간을 조절한다.) 키친타월로 물기를 제거한 다음 비스듬한 조각으로 자른다.
4. 완두콩, 거킨 피클, 루콜라, 올리브 오일과 딜을 함께 섞고 간을 한다. 고등어에 부어 섞어준다. 접시에 쿠스쿠스와 마타리 상추를 예쁘게 담는다. 고등어와 완두콩 등 채소를 얹고 그 위에 엑스트라 버진 올리브 오일을 뿌린다.

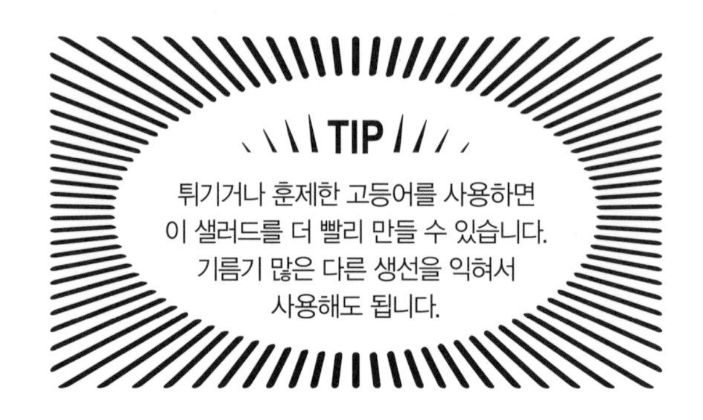

TIP

튀기거나 훈제한 고등어를 사용하면
이 샐러드를 더 빨리 만들 수 있습니다.
기름기 많은 다른 생선을 익혀서
사용해도 됩니다.

고온 훈제 연어 샐러드 Hot-Smoked Salmon

준비 시간 20분 • **조리 시간** 8분

[재료] 1인분

- 껍질을 벗기고 거칠게 간 **비트** 작은 것 1개 분량
- **올리브 오일** 2큰술
- 다진 **마늘** 1/2쪽 분량
- **캐러웨이 씨** 1큰술
- 곱게 간 **오렌지 껍질**과 **과즙** 오렌지 1/2개 분량
- **발사믹 비니거** 1작은술
- **오이** 2cm 정도 크기 1조각
- **래디시** 4개
- 익힌 **프리카** 200g
- 고온 **훈제 연어** 100g
- **물냉이** 1줌
- 적당히 다진 **딜** 1큰술
- **소금**, 갓 갈아놓은 **흑후추**

[드레싱]

- **크렘 프레슈** 1큰술
- **레몬즙** 1작은술
- 강판에 간 **호스래디시**(또는 **매운 호스래디시 크림**) 2작은술

✓ 훈제 방법 : 고온 훈제법은 완전히 익히면서 향도 입히는 방법, 저온 훈제법은 익히지 않거나 살짝 익히면서 향을 입히는 것이다.

이 맛있는 샐러드를 먹으면 이걸 먹기 위해서라도 오래 살고 싶을 겁니다. 모르긴 해도 장수에 도움이 될걸요?

1. 올리브 오일 1큰술을 팬에 넣고 달궈 마늘과 캐러웨이 씨를 넣은 다음 마늘 색이 변하기 전에 강판에 간 오렌지 껍질과 과즙을 넣고 5분 정도 익히거나 시럽 상태가 될 때까지 조린다. 여기에 발사믹 비니거와 올리브 오일 1큰술을 섞어 오렌지 드레싱을 만든다.
2. 오렌지 드레싱에 거칠게 간 비트와 익힌 프리카를 버무린 다음 간을 한다.
3. 드레싱 재료를 모두 볼에 담아 잘 저어서 호스래디시 드레싱을 만든다. 물을 조금 넣어 더블 크림(유지방 함량이 45% 이상인 크림) 정도로 걸쭉하게 만든다. 향미가 우러나도록 잠시 둔다.
4. 오이와 래디시를 원형으로 얇게 썬 다음 다시 성냥개비 두께 정도로 채 썬다.
5. 연어를 큼지막하게 살만 뜯어내어 오렌지 드레싱에 버무린 비트와 프리카 위에 올린다. 호스래디시 드레싱을 뿌리고 오이와 래디시 그리고 물냉이를 흩뿌린 다음 딜을 올려 마무리한다.

TIP

더 모험적인 시도를 하고 싶다면
고온 훈제 연어 대신 저온 훈제 연어나
장어 같은 다른 훈제 생선을 써보세요.

자이언트 쿠스쿠스 샐러드 Giant Couscous

준비 시간 15분 • **조리 시간** 10분

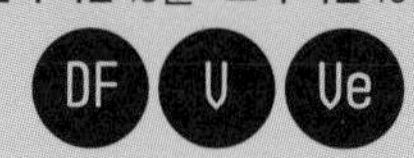

[재료] 1인분

- 익혀서 식힌 **자이언트 쿠스쿠스**(이스라엘 쿠스쿠스) 150g
- **주키니 호박** 1개
- **가지** 1/4개
- **올리브 오일** 1큰술
- 4등분한 **방울토마토** 6개 분량
- 채 썬 **피퀴요 고추** 1개 분량
- **바질 드레싱**(216쪽 참조)
- **소금**, 갓 갈아놓은 **흑후추**

제목부터 배가 부른 이 어마어마한 샐러드는 더부룩한 느낌 없이 포만감을 줍니다. 만드는 방법은 간단하지만 만찬이 부럽지 않아요.

1. 쿠스쿠스를 커다란 볼에 담는다. 주키니 호박과 가지는 길이대로 얇게 슬라이스하여 그리들 팬에 굽는다. (주키니 호박과 가지를 큼직하게 썰어 올리브 오일에 튀겨도 된다.)
2. 쿠스쿠스가 담긴 볼에 익힌 채소, 방울토마토, 채 썬 고추를 넣고 버무린다.
3. 샐러드에 바질 드레싱을 넣어 섞은 뒤 맛있게 간을 한다.

TIP

채소가 잘 익었는지 알아보려면
그냥 찔러보면 됩니다.
그리들 팬 위에서 굽는 채소가
잘 익었는지 안 익었는지를
확인할 때는 눌러보면 되죠.
잣, 반건조 토마토나 얇게 저민 펜넬도
쿠스쿠스와 잘 어울립니다.

향신료를 가미한 템페와 케일 샐러드

Spiced Tempeh & Kale

준비 시간 15분 • **조리 시간** 15분

[재료] 1인분

- 질긴 줄기를 제거한 **케일** 100g
- **참기름** 2작은술
- 익힌 **템페** 50g
- **유채씨 오일** 1큰술
- **칠리소스** 1작은술
- **간장** 2작은술
- **카이엔 페퍼** 1자밤
- 가늘게 채 썬 **당근** 1개 분량
- 익힌 **옥수수 알갱이** 50g
- **구운 병아리콩** 2큰술(215쪽 참조)
- 볶은 **참깨** 1큰술
- **소금**, 갓 갈아놓은 **흑후추**

[드레싱]

- 다진 **마늘** 1/2쪽 분량
- **라이스 비니거** 1큰술
- **참기름** 1큰술
- **유채씨 오일** 1큰술
- 곱게 간 **생강** 1작은술

[차려낼 때]

- 다진 **고수** 1큰술

케일을 조리하는 동안 오븐에 병아리콩을 구워 바삭하게 만듭니다. 두 가지 모두 그 자체로도 훌륭한 안줏거리랍니다.

1. 오븐을 150℃로 예열한다.
2. 케일을 참기름에 버무리고, 간을 한 다음 베이킹 트레이(구움판)에 펼쳐놓는다. 가장자리에 살짝 갈색이 돌고 바삭해질 때까지 10~15분 정도 굽는다.
3. 템페를 얇게 썬다. 작은 프라이팬에 유채씨 오일을 두르고 달군다. 팬이 충분히 달궈지면 템페를 넣고 1분 정도 볶다가 재빨리 칠리소스와 간장, 카이엔 페퍼를 넣고 표면에 골고루 입혀질 때까지 뒤섞은 후 불에서 내린다.
4. 넓은 볼에 케일, 당근, 옥수수, 병아리콩을 넣고 섞는다. 드레싱 재료를 모두 휘저어 섞은 뒤 샐러드와 함께 버무린 다음 맛있게 간을 한다. 템페 부스러기와 다진 고수를 뿌려 마무리한다.

TIP

만약 생 템페를 구입했다면 사용하기 전에 20분 정도 익힙니다. 템페에 풍미를 보태기 위해 큐민이나 고수 같은 향신료를 추가할 수도 있습니다.

콜리플라워를 요리하는 세 가지 방법 3 Ways with Cauliflower

사프란 로스티드 콜리 샐러드

준비 시간 15분 • **조리 시간** 20분

[재료] 1인분

- 작게 자른 **콜리플라워** 1/4개
- 작게 자른 **로마네스코*** 1/2개
- **올리브 오일** 1큰술
- **술타나 건포도** 1큰술
- 익혀서 다진 **케일** 50g
- 다진 **샬롯** 1큰술
- **이탈리아 파슬리** 다진 것 1큰술
- 볶은 **잣** 1큰술
- **소금**, 갓 갈아놓은 **흑후추**

[사프란 비네그레트]

- 뜨거운 물 1큰술에 우려낸 **사프란** 1자밤
- **셰리 비니거** 1큰술
- **올리브 오일** 2큰술
- 다진 **마늘** 1/2쪽 분량
- **메이플 시럽** 1작은술

좀 더 우아한 붉은색을 원한다면 이란산 사프란을 사용하세요.

1. 오븐을 170℃로 예열한다. 콜리플라워와 로마네스코를 올리브 오일에 버무린 다음 간을 하고 오븐에서 15~20분 동안 색이 변하기 시작할 때까지 익힌다.
2. 술타나 건포도를 뜨거운 물에 잠길 정도로만 담근다. 볼에 사프란 비네그레트 재료를 한데 넣고 섞은 후 소금과 흑후추로 간을 한다.
3. 콜리플라워와 로마네스코가 익으면 열기가 남아 있을 때 드레싱에 넣어 버무린 다음 식힌다. 물기를 제거한 술타나 건포도를 포함한 나머지 재료를 샐러드에 넣고 섞는다.

베이컨과 호두 드레싱 콜리 샐러드

준비 시간 15분 • **조리 시간** 20분

[재료] 1인분

- 앞의 레시피대로 구운 **콜리플라워** 1/2개 분량
- 송송 썬 **리크** 1개 분량
- 송송 썬 **셀러리** 줄기 1대 분량
- 익힌 **베이컨 라르동** 50g
- 다진 **차이브** 1큰술
- 어린 **시금치 잎** 1줌
- **호두 드레싱** 2큰술(219쪽 참조)

베이컨만 제외하면 훌륭한 채식이 됩니다.

1. 시금치를 제외한 모든 재료와 호두 드레싱을 버무려 섞는다.
2. 시금치 잎을 접시에 깔고 그 위에 샐러드를 올리고 차이브를 뿌려 마무리한다.

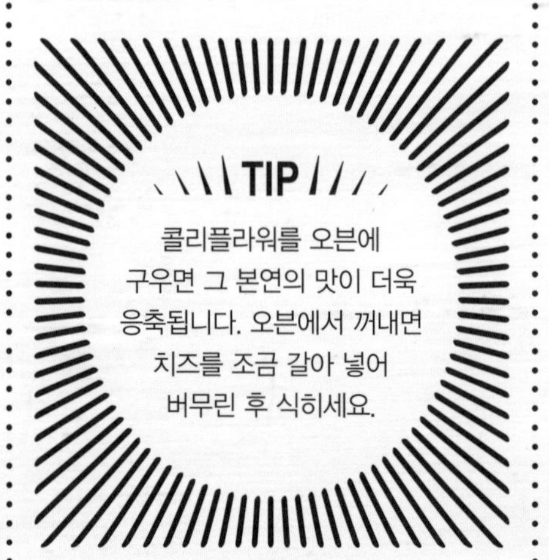

콜리-쿠스 샐러드

준비 시간 15분 • **조리 시간** 5분

[재료] 1인분

- **콜리플라워** 1/2개
- **올리브 오일** 1큰술
- **적양파 절임** 2큰술(218쪽 참조)
- 다진 자연 **반건조 토마토** 5개 분량
- 다진 **오이** 1/4개 분량
- 채 썬 **바질 잎** 10장 분량
- 볶은 **잣** 1큰술
- **페타 치즈** 부스러기 1큰술
- **소금**, 갓 갈아놓은 **흑후추**

글루텐 프리 음식을 먹는 최상의 방식.

1. 콜리플라워의 꽃봉오리 부분을 작은 조각들로 나누어 쿠스쿠스처럼 될 때까지 푸드 프로세서에 간다(잘게 다져도 된다).
2. 넓고 깊이가 얕은 팬에 올리브 오일을 두르고 달군 후 콜리플라워를 넣고 계속 저어주면서 몇 분 동안 볶는다. 맛있게 간을 한다.
3. 볼에 담아 나머지 재료를 넣고 섞는다.

✓ 로마네스코(romanesco) : 일반 브로콜리와 달리 꽃봉오리가 여러 개의 원뿔형으로 생긴 브로콜리.

흑미를 섞은 완두콩 샐러드 Black Riced Peas

준비 시간 10분 • **조리 시간** 5분

[재료] 1인분

- 익힌 **흑미** 150g
- 익힌 **완두콩** 100g
- 송송 썬 **쪽파** 1뿌리 분량
- 잘게 다진 **홍고추** 1개 분량
- 삶은 **달걀** 1~2개 (배가 얼마나 고픈지에 따라 양을 조절하세요)
- 다진 **고수** 1큰술
- **새싹 채소** 1줌 (선택 사항)

[커리 비네그레트]

- **커리 가루** 1작은술
- **라이스 비니거** 1큰술
- **유채씨 오일** 2큰술
- 곱게 간 **생강** 2작은술
- **소금**, 갓 갈아놓은 **흑후추**

제인이 레시피를 테스트할 때 이 샐러드를 먹는데 너무 정신이 팔려서 어떻게 만들었는지 기록하는 것을 까맣게 잊었답니다. 다행스럽게도 제인은 이 샐러드를 몇 번 더 만들어서 먹었고 여기 그 레시피가 있습니다.

1. 커다란 볼에 흑미, 완두콩, 쪽파, 홍고추를 넣어 섞는다.
2. 커리 비네그레트 재료를 모두 넣고 휘저어 섞은 후 소금과 흑후추로 간을 한다.
3. 1에 커리 비네그레트를 넣어 버무려주고 반으로 자른 삶은 달걀, 고수와 새싹 채소(사용한다면)를 얹어 낸다.

카렌의 호박 샐러드 Karen's Squash Salad

준비 시간 15분 • **조리 시간** 30분

[재료] 1인분

- 2~3cm 크기로 자른 **단호박** 200g
- **올리브 오일** 1큰술
- **가람 마살라*** 1작은술
- 곱게 다진 **루콜라** 1개 분량
- 큼직하게 썬 **피퀴요 고추** 50g
- 익힌 **렌틸 콩*** 2큰술
- 익히거나 **구운 병아리콩** 2큰술(215쪽 참조)
- 익힌 **완두콩**과 익힌 **잠두콩** 50g
- 다진 **민트·이탈리아 파슬리** 섞은 것 1큰술
- 볶은 **해바라기씨** 2큰술
- **소금**, 갓 갈아놓은 **흑후추**

[드레싱]

- 다진 **마늘** 1쪽 분량
- **올리브 오일** 2큰술
- **사이다 비니거** 1큰술
- 다진 **홍고추** 1/2~1개 분량
- 다진 **아몬드** 1큰술
- 햇볕에 말려 잘게 썬 **반건조 토마토** 2개 분량
- 다진 **올리브** 4개 분량

이 샐러드는 카렌이 가족끼리 먹는 점심을 위해 만들었는데 우리 마케팅팀에서 일하는 레이첼이 이 샐러드를 너무 좋아해서 결국 책에 싣기로 했습니다. 언제나 흥겨운 카렌만큼이나 흥겨운 샐러드랍니다.

1. 오븐을 170℃로 예열한다.
2. 단호박을 올리브 오일과 가람 마살라로 버무리고 소금과 흑후추로 간한 후 오븐에 넣어 부드럽게 익을 때까지 30분 정도 굽는다. 식힌 후 커다란 볼에 샬롯, 피퀴요 고추, 콩류를 넣어 섞는다.
3. 드레싱 재료를 모두 섞고 간을 한 다음 단호박 믹스와 버무린다.
4. 샐러드를 식탁에 올리기 직전에 민트와 파슬리, 해바라기씨를 곁들여 낸다.

✓ 가람 마살라(garam masala) : 인도에서 쓰이는 혼합 향신료로 매운 혼합물이라는 뜻. 조합에 따라 다양한 풍미를 낸다.

✓ 렌틸 콩(lentil) : 중동 요리에 자주 쓰는 껍질이 얇고 단맛이 강한 렌즈 모양의 콩. 렌즈 콩이라고도 한다.

TIP

이 샐러드는 냉장고에 넣어 하루 이틀 보관할 수 있지만 허브는 먹기 직전에 넣도록 하세요. 양고기와 함께 또는 샐러드용 잎채소를 곁들여 먹어도 좋아요.

이칸 빌리스를 곁들인 말레이시아풍 샐러드
Malaysian Salad with Ikan Bilis

준비 시간 15분

[재료] 1인분

- 말려서 구운 **코코넛** 1큰술
- 뜨거운 물에 불린 **건새우** 2작은술
- 껍질을 벗겨 씨를 제거하고 가늘고 길게 채 썬 **오이** 1/4개 분량
- **숙주** 50g
- 길게 송송 썬 **쪽파** 2줄기 분량
- 비슷한 길이로 썬 **모둠 채소**(그린빈스, 슈거 스냅, 깍지 강낭콩) 100g
- 채 썬 **민트** 잎 5장 분량
- 다진 **홍고추** 1개 분량
- **라임즙** 라임 1/2개 분량
- **케첩 마니스*** 1작은술
- **팜 슈거** 1/2작은술
- **참기름** 1작은술
- **소금**, 갓 갈아놓은 **흑후추**

| 차려낼 때 |

- **차이브** 약간
- **이칸 빌리스** 25g(214쪽 참조)

✓ 이칸 빌리스(ikan bilis) : 멸치를 소금에 절인 동남아 음식. 앤초비와 비슷하다.

✓ 케첩 마니스(kecap manis) : 인도네시아의 전통 소스. 콩과 밀을 발효시켜 만든 달콤하고 걸쭉한 검은색의 액상 형태다. 온라인 마켓에서 쉽게 구입할 수 있다.

이칸 빌리스*는 소금에 절인 멸치랍니다. 이 샐러드는 따분한 날의 기분을 전환해주는 데 안성맞춤입니다. 깊은 풍미와 함께 생채소 믹스의 아삭아삭한 식감이 매우 만족스러울 거예요.

1. 구운 코코넛과 불린 건새우를 절구에 빻아 코코넛 새우 페이스트를 만든다.
2. 볼에 손질한 모든 채소, 민트와 홍고추를 넣고 먼저 섞은 다음 나머지 재료를 넣고 샐러드와 함께 버무린다. 여기에 코코넛 새우 페이스트를 넣어 섞고 소금과 흑후추로 간을 한다.
3. 식탁에 내기 직전에 차이브와 이칸 빌리스를 곁들인다.

TIP

익힌 새우나 다른 해산물을 더 넣어도 좋습니다.
볶은 코코넛과 케첩 마니스 드레싱은
얇게 저민 토마토와도 놀랄 만큼 잘 어울린답니다.

케일과 땅콩 샐러드 Kale & Peanut

준비 시간 10분

되도록 레시피 분량보다 더 많이 만드세요. 꼭 그렇게 하세요. 후회하지 않을 거예요. 케일을 좋아하지 않는 아이들에게도 먹이기 딱 좋아요.

[재료] 1인분

- **케일** 100g
- **스프링 그린***(또는 **봄동**) 50g
- 다진 **고수** 1큰술
- 다진 **민트** 1자밤
- **레온식 참깨 타마리 드레싱** 3큰술
  (216쪽 참조, 글루텐 프리 샐러드를 원한다면 글루텐 프리 타마리인지 반드시 확인한다.)
- 굵게 다진 볶은 **땅콩** 1큰술

1. 케일과 스프링 그린을 가늘게 채 썬 다음 허브와 섞는다.
2. 참깨 타마리 드레싱으로 버무린 후 땅콩을 뿌려 낸다.

✓ 스프링 그린(spring greens) : 케일 잎과 비슷하게 생긴 짙은 색 잎을 가진 양배추의 일종. 구하기 힘들면 봄동으로 대체해도 된다.

케일 시저 샐러드 Kale Caesar

준비 시간 10분

이 샐러드에는 전통적인 시저 드레싱(219쪽 참조)을 쓰지는 않지만 앤초비와 파르메산 치즈를 넣어 시저 샐러드의 맛을 연상시킵니다. 그래서인지 레온을 찾는 사람들은 케일 요리에 완전 빠졌어요.

[재료] 1인분

- 질긴 줄기를 제거한 **케일** 100g
- 질긴 줄기를 제거한 **스프링 그린** 50g
- **레온식 허니 앤 머스터드 드레싱** 3큰술 (218쪽 참조)
- 익혀서 잘게 찢은 **닭고기** 100g
- 소금에 절인 **앤초비** 다진 것 4마리 분량
- 강판에 간 **파르메산 치즈** 1큰술
- 송송 썬 **차이브** 1큰술

1. 케일과 스프링 그린을 가늘게 채 썬다.
2. 허니 앤 머스터드 드레싱에 버무린 후 다른 재료들을 얹어서 낸다.

폴란드풍 청어와 감자 샐러드 Polish Herring & Potato

준비 시간 15분

[재료] 1인분

- 물기를 잘 빼서 얇게 썬 **롤몹스*** 100g
- 익혀서 깍둑썰기 한 **비트** 100g
- 익혀서 깍둑썰기 한 **감자** 100g
- 깍둑썰기 한 **사과** 1/2개 분량
- 채 썬 **적양파** 1/2개 분량
- 매콤한 **호스래디시 크림** 1작은술
- **사워크림** 1큰술
- 다진 **딜·차이브** 섞은 것 1큰술
- **적치커리 잎** 적당량
- **소금**, 갓 갈아놓은 **흑후추**

✓ 롤몹스(rollmop) : 피클에 청어 저민 것을 말아 놓은 것.

롤몹스는 그냥 말로 듣는 것보다 먹어보면 훨씬 더 맛있답니다. 믿어주세요.

1. 롤몹스, 비트, 감자, 사과, 적양파를 볼에 넣고 뒤섞는다.
2. 호스래디시 크림과 사워크림, 절반 분량의 허브를 넣어 섞은 뒤 간을 한다.
3. 2의 크림을 1에 넣어 섞는다.
4. 적치커리 잎을 깔고 그 위에 3을 얹은 후 남은 허브를 흩뿌려 마무리한다. (차이브를 송송 썰어 추가하고 딜로 장식해도 좋다.)

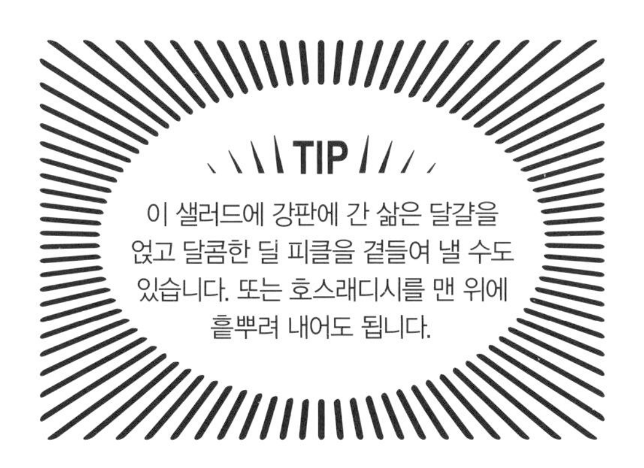

토마토, 페타 & 렌틸 콩 샐러드 Tomato, Feta & Lentil

준비 시간 10분

[재료] 1인분

- 익힌 **렌틸 콩** 100g
- 작게 깍둑썰기 한 **오이** 1/4개 분량
- 거칠게 다진 **딜** 1큰술
- **프렌치 비네그레트** 2큰술(216쪽 참조)
- 얇게 썬 **반건조 토마토** 3개 분량
- 반으로 자른 **베이비 플럼 토마토** 30g
- **페타 치즈** 부스러기 30g
- **루콜라** 1줌
- **레온식 볶은 씨앗** 1큰술(215쪽 참조)
- **소금**, 갓 갈아놓은 **흑후추**

한여름 더위를 물리치기에 아주 이상적인 샐러드입니다. 스태미너 향상에 좋은 렌틸 콩이 지친 하루의 기력을 보충해 주기 때문이죠.

1. 렌틸 콩을 오이, 딜과 함께 볼에 넣어 섞는다. 간을 하고 프렌치 비네그레트를 넣어 버무린다.
2. 다른 재료들을 위에 얹어서 낸다.

다양하게 응용하기

루비 고등어

토마토와 페타 치즈를 빼고 100g 정도의 잘게 찢은 훈제 고등어, 석류알 1큰술, 블루베리를 넣는다.

햄혹 & 렌틸

토마토와 페타 치즈를 빼고 잘게 찢은 햄혹으로 대체한다. 레온식 허니 앤 머스터드 드레싱과 함께 낸다.

LEON
LDN

슈퍼클린 치킨과 퀴노아 샐러드

Superclean Chicken & Quinoa

준비 시간 15분

[재료] 1인분

- 익힌 **퀴노아** 150g
- 익혀서 잘게 다진 **닭 가슴살** 100g
- 잘게 다진 자연 **건조 토마토** 4개 분량
- 익힌 **완두콩** 50g
- 껍질과 씨를 제거하고 작게 깍둑썰기 한 **오이** 2~3cm 1조각 분량
- 다진 **민트**와 **파슬리** 1큰술
- **올리브 오일** 2큰술
- **레몬즙** 1큰술
- **소금**, 갓 갈아놓은 **흑후추**

[차려낼 때]

- 웨지 모양으로 썬 **레몬**
- **석류알** 석류 1/4개 분량

2015년, 레온 가족의 관심은 기름기 없고 담백한 음식에 온통 쏠려 있었죠. 굶지 말고 몸에 필요한 영양분을 주세요. 느긋하게 즐기면 되죠!

1. 커다란 볼에 차려낼 때 쓸 석류알과 레몬 조각을 제외한 모든 재료를 넣고 살살 버무려 섞는다.
2. 소금과 흑후추로 간을 하고 석류알과 레몬을 올려 낸다.

옥수수 드레싱을 곁들인 치킨 샐러드

Chicken with Sweetcorn Dressing

준비 시간 15분

[재료] 1인분

- 익혀서 길게 자른 **닭 가슴살** 100g
- 슬라이스한 **아보카도** 1/2개
- 반으로 자른 **방울토마토** 6개 분량
- 다진 **쪽파** 6줄기 분량
- 먹기 좋게 자른 **미니 로메인** 1/2포기 분량
- 삶아서 물기를 뺀 **검은콩** 50g

[드레싱]

- 낱알을 떼서 굵게 다진 **옥수수** 1개 분량
- 다진 **마늘** 1/2쪽 분량
- 다진 **홍고추** 1개 분량
- 다진 **루콜라** 1개 분량
- 다진 **피쿼요 고추** 1개 분량
- **라임즙** 라임 1/2개 분량
- **올리브 오일** 2큰술
- 다진 **고수** 1큰술
- **소금**, 갓 갈아놓은 **흑후추**

닭고기와 옥수수로 만든 속을 채운 샌드위치 따위는 근처에도 못 옵니다. 확실해요. 이미 알고 계시겠지만.

1. 모든 샐러드 재료를 접시나 병에 예쁘게 담는다.
2. 드레싱 재료를 모두 섞은 다음 맛있게 간을 하고 샐러드에 뿌린다.

톤나토* 치킨 & 아티초크 샐러드
Tonnato Chicken & Artichoke

준비 시간 15분

[재료] 1인분

- 익혀서 얇게 썬 **닭고기** 150g
- 다듬어서 익힌 **그린빈스** 100g
- 익혀서 썬 **아티초크*** 속대 2개
- 채 썬 **로메인 상추** 1/4 포기 분량

[드레싱]

- **앤초비 필렛** 1포
- **케이퍼** 5개
- **바질 잎** 1가지 분량
- 다진 **마늘** 1/2쪽 분량
- **마요네즈** 2큰술
- **참치 통조림에 있는 기름** 1큰술
- **참치 통조림** 1큰술
- **소금**, 갓 갈아놓은 **흑후추**

[차려낼 때]

- **바질 잎, 앤초비, 케이퍼**

✓ 톤나토(tonnato) : '참치로 만든'이라는 뜻의 이탈리아어. 특히 '비텔로 톤나토(vitello tonnato)'라는 요리는 송아지 고기에 참치로 만든 소스를 뿌린, 세계적으로 유명한 이탈리아의 국민 요리다.

✓ 아티초크(artichoke) : 이국적인 향이 나는 구근 채소. 엄청나게 많은 겉껍질을 까고 나면 아주 자그마한 속대가 나오는데 그 한가운데의 섬유질을 제거하고 생으로 먹거나 쪄서 먹는다. 구하기 힘들면 통조림 제품을 사용해도 된다.

이탈리아에서 차를 몰고 여행을 하다가 작은 가정식 레스토랑을 발견해 차를 세우고 점심을 먹는다고 한번 상상해보세요. 뭐, 당신이 원한다면 말이죠.

1. 닭고기, 그린빈스, 아티초크와 로메인 상추를 접시에 예쁘게 담는다. (닭고기 썬 것이 눈에 보이도록 담는다.)
2. 절구에 앤초비 필렛, 케이퍼, 바질 잎, 마늘을 넣고 빻아서 페이스트를 만든다. 소금을 약간 넣으면 바질을 빻는 데 도움이 된다(입자가 굵은 소금의 마찰로 인해).
3. 위의 페이스트와 마요네즈, 참치 통조림 기름을 잘 섞는다. 여기에 통조림 참치를 넣고 저어준다. 반죽이 너무 되면 물을 조금 넣어 더블 크림 정도로 걸쭉하게 농도를 조절하고 간을 해 톤나토 소스를 만든다.
4. 샐러드 위에 톤나토 소스를 뿌리고 바질 잎, 앤초비, 케이퍼를 올려서 보기 좋게 꾸민다.

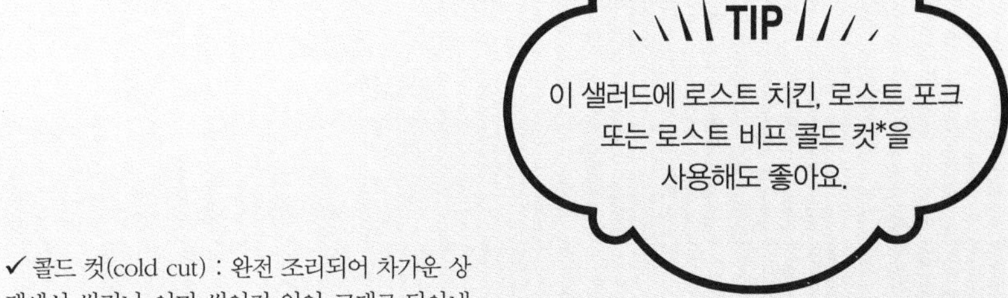

✓ 콜드 컷(cold cut) : 완전 조리되어 차가운 상태에서 썰거나 이미 썰어져 있어 그대로 담아내기만 하면 되는 육가공 제품을 통칭한다.

방울 양배추 샐러드 Shredded Sprout Salad

준비 시간 10분

[재료] 1인분

- 줄기를 제거하고 가늘게 채 썬 **케일** 2움큼
- 가늘게 채 썬 **방울 양배추**(브뤼셀 스프라우트) 100g
- **레몬즙** 레몬 1/2개 분량
- **레온식 허니 머스터드 드레싱** 3큰술(218쪽 참조)
- **말린 크랜베리** 1큰술
- 익힌 **베이컨 라르동** 50g (선택 사항)
- 굵게 다진 **훈제 아몬드** 25g
- 곱게 간 **페코리노 치즈** 1큰술
- **소금**, 갓 갈아놓은 **흑후추**

이 샐러드는 무려 책상에서도 만들 수 있을 정도로 무지무지 쉬워요. 채소들은 익히지 않아도 되고 구워놓은 베이컨 제품을 넣거나 전날 밤에 미리 베이컨을 구워놓아도 되죠. 책상에 잘 드는 식칼 하나 정도 준비해두시죠. 언제 필요하게 될지 모르니까요.

1. 채 썬 채소들을 볼에 담고 레몬즙을 뿌린 다음 소금, 흑후추로 간을 한다.
2. 1에 허니 머스터드 드레싱을 넣어 버무린 다음 크랜베리, 베이컨, 아몬드도 넣어 같이 섞는다.
3. 먹기 직전에 페코리노 치즈를 뿌려 섞는다.

다채로운 채소를 곁들인 파로 샐러드

Farro & Wide

준비 시간 15분 • **조리 시간** 30분

[재료] 1인분

- 2~3cm 두께로 자른 **리크** 1개 분량
- 반으로 자른 **래디시** 6개 분량
- 8조각 웨지 모양으로 자른 **펜넬** 1개 분량
- 껍질을 벗겨 웨지 모양으로 자른 **순무** 1개 분량
- **올리브 오일** 2큰술
- 다진 **마늘** 1/2쪽 분량
- 익힌 **파로*** 150g
- **레몬즙** 레몬 1/2개 분량
- **소금**, 갓 갈아놓은 **흑후추**

[그레몰라타*]

- 곱게 다진 **이탈리아 파슬리** 1큰술
- 곱게 간 **레몬 껍질** 레몬 1/2개 분량
- 아주 곱게 다진 **마늘** 1/2쪽 분량

✓ 파로(farro) : 통보리처럼 생겼지만 사실은 밀의 한 품종으로 이탈리아에서는 크기에 따라 farro grande, farro medio, farro piccolo로 구분한다. 삶아서 샐러드나 수프에 사용한다.

✓ 그레몰라타(gremolata) : 이탈리아 요리에서 파슬리와 마늘, 레몬 껍질, 튀긴 빵가루, 허브3 등을 넣고 만들어두었다가 고기, 생선 요리를 막론한 여러 요리에 곁들여 먹는 일종의 갖은 양념. 지역에 따라 약간의 고추를 넣기도 한다.

당신이 찾던 바로 그 샐러드!

1. 오븐을 170℃로 예열한다.
2. 손질하여 준비한 채소를 올리브 오일 1큰술과 함께 잘 버무리고 오븐에 넣어 30분 정도 익힌 다음 꺼내어 식힌다.
3. 채소를 익히는 동안 남은 올리브 오일을 팬에 둘러 달군 후 마늘을 넣어 1분 정도 볶는다. 여기에 익힌 파로를 넣어 마늘 오일과 섞어주며 몇 분 정도 익힌다. 맛있게 간을 하고 레몬즙을 넣어 잘 저은 후 식힌다.
4. 그레몰라타 재료를 전부 섞은 후 맛있게 간을 한다. 구운 채소와 파로를 섞고 그 위에 그레몰라타를 흩뿌려 조물조물 버무린다.

TIP

익힌 파로로 쉽게 만들 수 있는 또 다른 샐러드는 다진 토마토, 피퀴요 고추 그리고 익힌 주키니 호박을 넣어 만듭니다. 페스토와 올리브 오일을 넣어 버무려주세요.

시금치, 병아리콩 & 아몬드 샐러드 Spinach, Chickpea & Almond

준비 시간 10분 • 조리 시간 1분

[재료] 1인분

- 술타나 건포도 1큰술
- 시금치 300g
- 카이엔 페퍼 1자밤
- 익힌 병아리콩 100g
- 구운 아몬드 플레이크 2큰술
- 적양파 절임 2큰술(218쪽 참조)
- 다진 마늘 1/2쪽 분량
- 올리브 오일 2큰술
- 다진 이탈리아 파슬리 1큰술
- 소금

월급날까지 허리띠를 졸라매야 할 때 좋은 샐러드입니다. 너무 맛있어서 눈에 아른거리던 구두가 생각나지도 않을걸요?

1. 술타나 건포도를 뜨거운 물에 담가 불린다.
2. 시금치를 끓는 물에 1분 정도 데쳐낸 후 찬물에 헹구어 체에 밭쳐 물기를 뺀다. 시금치의 남은 물기를 짜내고 곱게 다진 다음 소금과 카이엔 페퍼로 양념을 한다.
3. 병아리콩 절반 정도의 분량을 적당히 으깬다. 불린 건포도의 물기를 제거해 넣고 모든 재료를 먹기 직전에 섞는다.

비트, 라브네와 두카 샐러드 Beetroot, Labneh & Dukkah

준비 시간 10분

[재료] 1인분

- 구워서 큼지막하게 토막 낸 **비트** 200g
- 익힌 **렌틸 콩** 100g
- **적양파 절임** 4큰술(218쪽 참조)
- **올리브 오일** 2큰술
- **발사믹 비니거** 1큰술
- **물냉이** 작은 묶음 1단
- 반달 모양으로 얇게 썬 **래디시** 2개 분량 (선택 사항)
- **라브네*** 50g
- 다진 **민트** 1큰술
- **두카*** 2작은술
- **소금**, 갓 갈아놓은 **흑후추**

✓ 라브네(labneh) : 페르시아 밀크라고도 불리는 요거트의 일종으로 치즈를 만드는 방법과 비슷해서 발라먹는 치즈라고도 한다. 소젖, 염소젖, 양젖으로도 만들며 특유의 식감과 활용도로 인해 간을 한 일상식과 달콤한 디저트 모두에 사용된다.

✓ 두카(dukkah) : 이집트 향신료로 구운 견과류와 씨앗을 섞어서 갈아놓은 것.

살짝 소금을 친 라브네는 이 요리에 크리미한 풍미의 깊이를 더해주고 비트의 색감을 더욱 돋보이게 해서 비트가 진분홍색으로 보이게 합니다.

1. 비트에 렌틸 콩과 적양파 절임을 섞는다. 올리브 오일과 발사믹 비니거를 넣고 섞은 후 간을 한다.
2. 접시 위에 물냉이를 깔고 비트를 올린다. 래디시, 라브네, 민트와 두카를 얹어 마무리한다.

FOOD FOR FRIENDS

돼지감자와 트러플 샐러드 Hearty Chokes & Truffle

준비 시간 10분

[재료] 4인분

- **돼지감자** 8개
- **레몬즙** 2큰술
- **민들레 잎**(제철이라면, 또는 **프리제***) 50g
- **치커리** 위쪽 잎 부분 3장
- 필러로 얇게 슬라이스한 **파르메산 치즈** 50g
- **폴렌타* 크루통** 200g(214쪽 참조)
- 잘게 썬 **차이브** 2큰술

[드레싱]

- **레몬즙** 2큰술
- **엑스트라 버진 올리브 오일** 3큰술
- **소금**, 갓 갈아놓은 **흑후추**

[차려낼 때]

- **트러플 오일**

✓ 프리제(frisée) : 꽃상추의 일종으로 곱슬 잎 꽃상추라고도 불린다. 폭이 좁고 곱슬거리는 초록 잎을 지닌다.

✓ 폴렌타(polenta) : 이탈리아 요리에서 많이 쓰는 옥수수 가루.

민들레 잎은 씁쓸한 맛을 냅니다. 이것은 먹지 말라는 경고라기보다 몸에 좋다는 뜻이죠. 단, 풀이 무성한 정원을 갖고 있지 않다면 구하기 어려울 수도 있습니다.

1. 돼지감자는 껍질을 벗겨 찬물에 담그고 변색을 막기 위해 레몬즙을 넣는다.
2. 드레싱 재료를 모두 넣어 잘 섞고 맛있게 간을 한다.
3. 민들레와 치커리 잎을 커다란 볼에 드레싱과 함께 넣고 버무린다. 샐러드를 내기 직전에 만돌린이나 필러를 이용해 돼지감자를 얇게 슬라이스해 곁들인다.
4. 파르메산 치즈, 폴렌타 크루통, 차이브를 올리고 트러플 오일을 뿌린다.

치즈 & 겨울 채소 샐러드 Cheese & Winter Leaves

준비 시간 10분 • **조리 시간** 50분

[재료] 4인분

- 큼직하게 썬 **단호박** 400g
- **올리브 오일** 3큰술, 단호박에 사용할 분량 조금
- **피칸** 75g
- **타바스코** 약간
- **우스터셔 소스** 약간
- **카이엔 페퍼** 1자밤
- **겨울 채소 믹스**(쇠비름, 라디키오 또는 프리제)
- 껍질을 벗겨 슬라이스한 잘 익은 **배** 2개 분량
- **사이더 비니거** 1큰술
- **블루치즈 드레싱**(218쪽 참조)
- **소금**, 갓 갈아놓은 **흑후추**

배와 피칸이 아삭한 식감을 부여하고 블루치즈 드레싱이 저 둘의 맛을 더욱 살려주는 샐러드예요. 단호박은 혹시라도 부족할 수 있는 포만감을 완전히 채워줄 거예요.

1. 오븐을 200℃로 예열한다.
2. 손질한 단호박을 올리브 오일에 버무린 다음 간을 하고 오븐에 넣어 40분 정도 굽는다. 부드럽게 익으면 오븐에서 꺼내어 한 김 식힌다.
3. 피칸에 타바스코, 우스터셔 소스, 카이엔 페퍼와 소금을 약간 넣어 섞는다. 베이킹 트레이에 담고 오븐에 넣어 8분 정도 살짝 굽는다.
4. 겨울 채소 믹스와 배를 올리브 오일에 버무린다. 단호박과 피칸을 차례로 층층이 올리고 블루치즈 드레싱을 뿌려서 마무리한다.

TIP

좀 더 푸짐하게 먹고 싶다면 잘게 썬 햄헉을 더해도 좋습니다.

건강을 지켜주는 콩 샐러드 The Has-bean

준비 시간 10분 • **조리 시간** 5분

[재료] 4인분

- **완두콩** 200g
- **잠두콩** 200g
- 슬라이스한 **슈거 스냅** 200g
- **올리브 오일** 3큰술
- **레드 와인 비니거** 1큰술
- 다진 **마늘** 2쪽 분량
- 익혀서 썬 **아티초크 속대** 4개 분량
- 익힌 **렌틸 콩** 100g
- 다진 **민트** 3큰술
- 어린 **시금치 잎** 200g
- **새싹 채소** 1줌
- **소금**, 갓 갈아놓은 **흑후추**

이 샐러드에는 콩이 듬뿍 들어가기 때문에 단백질이 풍부합니다. 잠두콩과 완두콩은 냉동 제품을 써도 무방하며, 익힌 아티초크는 온라인 쇼핑몰에서 손질해둔 제품이나 통조림 형태로 구할 수 있습니다.

1. 소금을 넣어 끓인 물에 완두콩, 잠두콩과 슈거 스냅을 2분 정도 데친다.
2. 넓은 볼에 올리브 오일과 레드 와인 비니거, 마늘을 함께 넣고 휘저어 섞는다. 위의 데친 콩들을 건져내서 물기를 제거하고 열기가 남아 있을 때 드레싱을 넣어 아티초크 속대, 렌틸 콩과 버무린다. 맛있게 간을 하고 저어가며 식힌다.
3. 샐러드가 식으면 민트를 넣는다. 차려낼 접시에 어린 시금치 잎을 흩뿌리고 그 위에 완두콩, 잠두콩, 아티초크와 렌틸 콩 섞은 것을 얹은 후 새싹 채소를 올려 마무리한다.

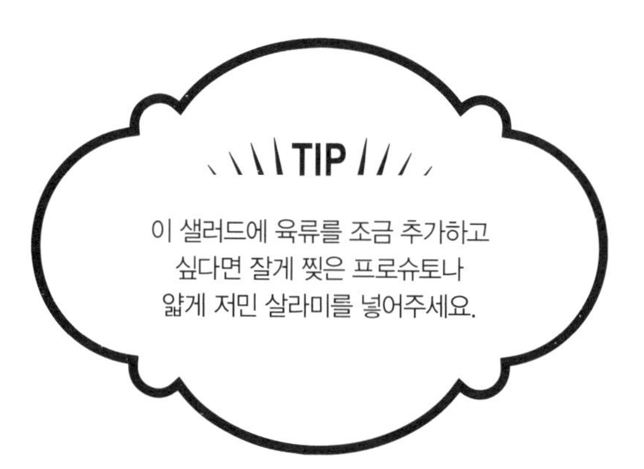

살피콘 시푸드 샐러드 Salpicon Seafood

준비 시간 30분

[재료] 4인분

- 익힌 **홍합 살** 250g
- 익혀서 껍질을 벗긴 **왕새우** 250g
- **흰 게살** 100g
- **주키니 호박** 1개
- **오이** 1/2개
- **무** 1/2개
- **당근** 1개
- **소금**, 갓 갈아놓은 **흑후추**

[드레싱]

- 씨를 빼서 잘게 썬 **빨간색 파프리카** 1/2개 분량
- 씨를 빼서 잘게 썬 **노란색**(또는 **오렌지색 파프리카**) 1/2개 분량
- 잘게 깍둑썰기 한 **아보카도** 1/2개 분량
- 잘게 다진 **샬롯** 2개 분량
- 다진 **마늘** 1쪽 분량
- 다진 **홍고추** 1개 분량
- **라이스 와인 비니거** 1큰술
- **라임즙** 1큰술
- **유채씨 오일** 2큰술
- **메이플 시럽** 1작은술
- 다진 **고수** 1큰술
- 다진 **차이브** 1큰술

살피콘* 시푸드 샐러드는 당신을 바닷가 여행으로 안내해줄 것입니다.

1. 커다란 볼에 해산물을 모두 담는다.
2. 드레싱 재료를 모두 휘저어 섞은 뒤 해산물을 넣어 버무린다. 먹기 전까지 뚜껑을 덮어 냉장고 안에 보관한다.
3. 주키니 호박, 오이, 무와 당근은 껍질을 벗긴 뒤 Y자 모양의 필러를 이용해 긴 끈 형태로 얇게 깎아낸다. 소금과 흑후추로 간을 하고 살살 버무린다.
4. 접시에 양상추와 채소를 깔고 그 위에 양념한 해산물을 얹어 낸다.

✓ 살피콘(salpicon) : 채소, 고기, 해산물 등을 작은 주사위 모양으로 썰어 드레싱이나 소스에 묻혀낸 상태, 혹은 그 모양을 일컫는 용어.

TIP

이 샐러드는 홍합을 껍질째 사용하여 만들 수도 있습니다. 그럴 경우에는 홍합을 삶을 때 물의 양을 줄이고 드레싱을 넣어 끓이면 특별한 풍미를 이끌어낼 수 있죠.

무화과 샐러드 Get Figgy with It

준비 시간 15분 • **조리 시간** 30분

[재료] 4인분

- **파로** 150g
- **올리브 오일** 3큰술
- **라디키오** 큰 것 1개
- **발사믹 비니거** 1큰술
- 다진 **마늘** 1쪽 분량
- **브라운 슈거** 1자밤
- 다진 **마조람*** 1큰술
- **샐러드 채소 믹스** 125g
- 4등분한 **무화과** 4개 분량
- **석류알** 석류 1/2개 분량
- **블루치즈** 조각 100g
- **소금**, 갓 갈아놓은 **흑후추**

[차려낼 때]

- **처빌** 1움큼 (선택 사항)

✓ 마조람(marjoram) : 약한 박하 맛이 나는 지중해 원산지의 허브. 오레가노와 비슷한 맛이 난다.

가을의 초입에 안성맞춤인 샐러드입니다. 잘 익은 붉은 과육의 깊은 맛은 떨어지는 낙엽을 떠올리게 하네요.

1. 파로를 잘 씻어 냄비에 담고 500ml의 물과 소금 1자밤을 넣고 끓인다. 파로가 찰기 있게 익을 때까지 25분 정도 뭉근하게 끓인다. 물을 따라낸 다음 간을 하고 올리브 오일 1큰술을 넣어 잘 젓는다.
2. 라디키오를 가느다란 웨지 모양으로 자른다. 그 사이에 그리들 팬을 불에 올려 예열한다. 커다란 볼에 남은 올리브 오일 2큰술과 발사믹 비니거, 마늘, 브라운 슈거와 마조람을 넣고 휘저어 드레싱을 만든다.
3. 그리들 팬이 충분히 달궈지면 웨지 모양을 썬 라디키오를 굽기 시작한다. 라디키오의 숨이 죽고 살짝 갈색으로 변하면 완성. 팬에서 덜어내자마자 드레싱에 넣어 버무린 후 간을 한다.
4. 숨이 죽은 라디키오를 샐러드 채소들과 함께 접시에 예쁘게 담는다. 파로를 뿌린 다음 라디키오를 버무리고 남은 드레싱을 모두 붓는다. 마지막으로 샐러드 위에 무화과와 석류알, 블루치즈 조각을 올리고 기호에 따라 처빌도 올린다.

TIP

석류에서 알만 분리해내려면 볼을 받치고 반으로 자른 면을 아래로 향하게 잡은 다음 밀대나 무거운 물건으로 석류를 두드리세요. 석류알이 쉽게 떨어져 나옵니다.

대구 아티초크 샐러드 Cod's Artichokes

준비 시간 30분 • **조리 시간** 15분

[재료] 4인분

- 물에 24시간 담가둔 **염장 대구** 500g
- **우유** 400ml
- **올리브 오일** 4큰술, 생선에 사용할 분량
- **돼지감자** 200g
- **레몬즙** 2큰술, 아티초크에 사용할 분량 추가
- **글로브 아티초크**(손질하지 않은 통아티초크) 큰 것 2개
- 얇게 썬 **양송이버섯** 200g
- **새싹 채소** 125g
- **소금**, 갓 갈아놓은 **흑후추**

[차려낼 때]

- **트러플 오일**
- **이탈리아 파슬리** 작은 묶음 1단

TIP

집에서 염장 대구를 만들 때는 신선한 생선을 사용해 소금에 재워 48시간 정도 냉장한 뒤 잘 말려야 합니다. 이 샐러드에는 소금을 살짝 뿌려 익힌 흰 살 생선을 사용해도 됩니다.

아티초크를 구하고 손질하는 것이 어려울 때도 있죠. 그럴 경우 온라인 쇼핑몰에서 쉽게 구할 수 있는 아티초크 통조림 제품으로 대체해도 무방합니다.

1. 염장 대구를 헹구고 껍질과 가시를 모두 제거한다. 냄비에 넣고 대구가 잠길 만큼 우유를 부은 다음 대구가 알맞게 익을 때까지 약한 불에서 뭉근하게 끓인다. 보통 15분 정도 걸리지만 사용하는 염장 대구의 품질에 따라 삶는 시간은 상이하다. 대구가 익으면 불에서 내리고 건져내어 키친타월로 물기를 제거한다. 그다음 큰 조각으로 생선살을 뜯어 약간의 올리브 오일에 버무린다.
2. 돼지감자의 껍질을 벗겨 레몬즙을 조금 넣은 물에 통째로 담가둔다. 글로브 아티초크는 바깥 잎들은 깎아 벗겨내고 속대만 쓴다. 털 모양의 심지는 티스푼으로 제거하고 속대는 돼지감자와 함께 물에 담가둔다.
3. 날카로운 칼이나 만돌린을 사용해 돼지감자와 아티초크를 얇게 썬다. 넓은 볼에 양송이버섯과 새싹 채소, 돼지감자, 아티초크를 넣어 섞은 다음 간을 하고 레몬즙과 올리브 오일에 버무린다.
4. 넓은 접시에 예쁘게 담고 소금에 절인 대구 조각을 군데군데 흩뿌려 올린다. 그 위에 트러플 오일을 뿌리고 파슬리 잎을 올려서 마무리한다.

브로콜리 연어 샐러드 Broc on salmon

준비 시간 15분 • **조리 시간** 40분

[재료] 4인분

- 껍질을 벗겨 가시를 제거한 **연어 필렛** 500~600g
- **올리브 오일** 1큰술
- 다진 **로즈메리** 1큰술
- **브로콜리**(또는 보라콜리) 250g
- **치커리** 2단
- **루콜라** 100g
- **소금**, 갓 갈아놓은 **흑후추**

[앤초비 소스]

- **마늘** 8쪽
- **우유** 100ml
- **앤초비 필렛** 5포
- **연질 버터**(냉장 상태에서도 무른 성질이 유지되게끔 가공된 버터) 50g
- **올리브 오일** 2큰술, 연어에 사용할 분량

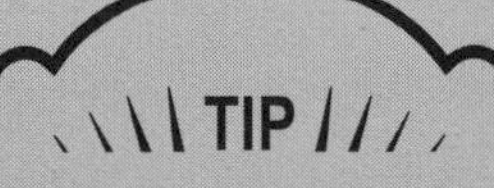

앤초비 소스는 크루디츠(여러 종류의 생채소를 소스에 찍어 먹는 전채 요리)를 찍어 먹는 용도로도 아주 좋습니다.

앤초비를 별로 좋아하지 않는다면 마늘로 맛을 낸 다른 드레싱을 사용해도 잘 어울립니다.

1. 앤초비 소스 재료 중 마늘을 우유에 넣고 마늘이 부드러워질 때까지 30분 정도 끓인다.* (이때 우유가 너무 졸아들면 약간 더 넣는다.) 푸드 프로세서에 마늘을 넣어 끓인 우유와 앤초비, 버터를 넣고 올리브 오일을 부어가며 되직한 소스가 될 때까지 간다.
2. 연어에 올리브 오일을 문질러 바르고 소금과 흑후추를 듬뿍 뿌려 간을 한다. 그리들 팬이나 그릴을 아주 뜨겁게 달구어 연어를 얹고 로즈메리를 약간 뿌린다. 한쪽 면을 2분 정도 구운 뒤 뒤집어서 반복해 굽는다. (연어 살의 중심에 살짝 핑크빛이 도는 정도가 알맞다. 정확한 조리 시간은 연어의 두께에 따라 달라질 수 있다.) 그릴에서 내려 식혀둔다.
3. 소금을 넣은 끓는 물에 브로콜리를 넣고 연해질 때까지 2분 정도 데친다. 브로콜리를 건져내어 흐르는 찬물에 헹군다.
4. 치커리와 루콜라, 브로콜리를 접시에 담고 맛있게 간을 한다. 연어 살을 큼직한 조각으로 잘라 그 위에 얹고 앤초비 소스를 뿌린다.

✓ 마늘을 2~3조각으로 썰어 우유에 삶으면 그 시간이 절약되고 아린 맛도 순화된다. 마늘 칩을 만들 때는 마늘 즙을 완전히 빼내기 위해 얇게 썬 마늘을 우유에 담갔다가 우유를 세 번 정도 갈아준 다음 튀긴다.

겨울 채소 샐러드 Winter Vegetable Salad

준비 시간 25분 • **조리 시간** 40분

[재료] 4인분

- **겨울 채소 모둠** 1.2kg
- **올리브 오일** 2큰술
- **체물라 드레싱**(219쪽 참조)
- **물냉이** 100g
- **라브네** 100g
- **레온식 볶은 씨앗** 4큰술(215쪽 참조)
- 다진 **민트·고수** 섞은 것 1큰술
- **소금**, 갓 갈은 **흑후추**

✓ 체물라(chermoula) : 중동 지역에서 여러 요리에 다용도로 쓰이는 일종의 양념. 특히 생선, 고기 요리에 풍미를 더하는 용도로 사용된다.

이 샐러드의 재료로는 파스닙, 당근, 순무나 단호박 같은 그 어떤 겨울 채소도 좋습니다. 만약 비트를 사용한다면 반드시 다른 채소들보다 작게 썰도록 합니다. 익히는 데 시간이 오래 걸리거든요.

1. 오븐을 170℃로 예열한다.
2. 겨울 채소 모둠은 껍질을 벗기고 적당한 크기로 자른다. 약간의 올리브 오일에 버무리고 간을 한 다음 채소들이 연해질 때까지 40분 정도 굽는다.
3. 채소들을 익히는 동안 체물라 드레싱을 만들어 넓은 볼에 담는다.
4. 채소들이 익으면 열기가 남아 있는 상태에서 드레싱이 담긴 볼에 넣어 잘 섞은 후 식힌다.
5. 2의 채소와 물냉이를 섞어 접시에 담고 그 위에 라브네를 한 숟가락씩 떠서 군데군데 얹고 허브와 씨앗을 흩뿌려 낸다.

TIP

라브네를 직접 만들려면 지방을 제거하지 않은 요거트에 소금을 넉넉하게 1자밤 넣어 잘 저어줍니다. 그릇을 아래에 받치고 무슬린(치즈 등을 거르는 눈이 촘촘한 천)을 깐 거름망에 담아 냉장고 안에서 하룻밤 정도 둡니다.

과일을 곁들인 로스트 치킨 샐러드 Fruity Roast Chicken

준비 시간 20분 • **조리 시간** 10분

[재료] 4인분

- **건포도** 2큰술
- 질 좋은 **화이트 와인 비니거**(예; 모스카텔) 2큰술
- **올리브 오일** 4큰술
- 다진 **마늘** 1쪽 분량
- 다진 **차이브·타라곤** 섞은 것 1큰술
- 말라서 딱딱하게 굳은 **치아바타** 1/2덩이
- **로스트 치킨**(육즙은 따로 모아둠) 1/2마리
- 다진 **쪽파** 1줄기 분량(또는 다진 **샬롯** 2개 분량)
- 구운 **잣** 3큰술
- 반으로 자른 **청포도** 200g
- **루콜라** 150g
- **소금**, 갓 갈아놓은 **흑후추**

TIP

로스트 치킨은 닭을 통째로 오븐이나 그릴에 구워 준비하거나 시중에 판매되는 제품을 사용해도 됩니다.

어떤 요리를 만들 때 건포도와 포도를 함께 사용한다는 것은 조부모와 손자가 모처럼의 식사 자리에서 재회하는 것에 비유할 수 있지요. 이 얼마나 유쾌한 만남입니까. 이 레시피는 샌프란시스코 주니 카페*의 전통 샐러드 레시피에서 영감을 얻었습니다.

1. 오븐을 200℃로 예열한다.
2. 건포도를 뜨거운 물에 담가 잠시 불린다. 화이트 와인 비니거, 올리브 오일, 다진 마늘과 허브들을 함께 섞어 드레싱을 만들고 맛있게 간을 한다.
3. 치아바타를 2~3cm 정도로 큼직하게 뜯어낸다. 로스팅 트레이에 담아 빵이 노릇노릇하게 색이 나고 바삭해질 때까지 오븐에서 5~10분간 구운 다음 드레싱 절반 분량, 로스트 치킨 육즙과 함께 볼에 담는다.
4. 불려놓은 건포도를 건져 물기를 잘 제거한 다음 2의 볼에 넣고 쪽파(혹은 샬롯), 잣과 함께 섞는다.
5. 로스트 치킨의 살을 발라내거나 적당한 크기로 썰어 청포도와 루콜라, 남은 분량의 드레싱과 함께 버무린다. 앞서 만들어둔 빵 샐러드와 함께 다시 버무린 다음 즉시 차려낸다.

✓ 주니 카페(Zuni Café) : 1979년에 빌리 웨스트가 오픈한 레스토랑으로 수차례의 제임스 비어드 어워드를 수상한 매우 유명한 레스토랑이다. 레스토랑의 이름은 애리조나와 뉴멕시코에 정착한 푸에블로 '주니'족에서 따왔다.

바삭한 오리 가슴살 샐러드 Crisp-y Duck

준비 시간 20분 • **조리 시간** 35분

[재료] 4인분

- **오향 가루*** 1/2작은술
- 큼직한 **오리 가슴살** 2쪽
- 껍질 벗긴 **고구마** 1개
- **올리브 오일** 2큰술
- 껍질을 벗겨 웨지 모양으로 썰어서 익힌 **비트** 4개 분량
- **프리제** 150g
- **오렌지 세그먼트** 오렌지 1개 분량(블러드 오렌지 추천)
- 얇게 썬 **래디시** 4개 분량
- **소금**, 갓 갈아놓은 **흑후추**

[드레싱]

- **마멀레이드** 1큰술
- **오렌지즙** 2큰술
- **라이스 와인 비니거**(쌀식초) 1큰술
- 곱게 간 **생강** 1작은술
- **올리브 오일** 2큰술

✓ 오향 가루 : 전통 중국 요리에 쓰이는 다섯 가지의 향신료 가루.

바삭한 고구마는 한 번 먹기 시작하면 끝도 없이 먹게 되죠. 요리하면서 '맛만 본다'는 핑계로 계속 먹어댈 테니 재료를 두 배로 준비하는 게 좋을걸요?

1. 오리 가슴살의 껍질과 살에 오향 가루를 골고루 문지른 뒤 예열하지 않은 프라이팬 위에 껍질 쪽이 닿도록 놓는다. 불을 켜고 팬을 올려 오리 가슴살을 뒤집지 않고 한쪽 면만 6분 정도 구워 기름을 빼내면서 바삭하고 노릇하게 익힌다. 기름을 따라내고 오리 가슴살을 뒤집어 다시 중간 불로 5분 정도 굽는다. 팬에서 꺼내 10분 정도 레스팅 한다.
2. 오리 가슴살을 익히는 동안 오븐을 200℃로 예열한다. 필러나 회전식 채칼을 이용해서 고구마를 가늘고 긴 끈 형태로 깎는다. 올리브 오일에 버무린 후 소금과 흑후추로 간을 한 다음 베이킹 트레이에 담고 오븐에 넣어 20분 정도 굽는다. 중간중간 고구마를 뒤집으며 골고루 바삭하고 노릇하게 굽는다. 다 구워지면 키친타월 위에 올려 식힌다.
3. 드레싱 재료를 모두 볼에 넣고 휘저어 섞은 후 간을 한다. 이 드레싱을 비트에 살짝 뿌려 버무리고 간을 한다(비트는 건조하고 싱거운 상태니까).
4. 프리제를 드레싱에 버무려 차려낼 접시에 예쁘게 담는다. 오리 가슴살을 사선 방향으로 썰어 비트, 오렌지 세그먼트, 래디시와 함께 샐러드 위에 예쁘게 얹고 그 위에 바삭한 고구마를 올린다.

TIP

비트를 익히려면

다듬어서 씻은 후 베이킹 트레이에 얹고 올리브 오일을 듬뿍 뿌린 후 물 50ml를 부어줍니다. 간을 하고 쿠킹 포일을 씌워 180℃로 예열한 오븐에 1시간 정도 굽습니다. 일단 익으면 껍질을 쉽게 벗길 수 있어요.

아스파라거스, 감자와 게살 샐러드

Asparagus, Potato & Crab

준비 시간 15분 • **조리 시간** 5분

[재료] 4인분

- 뾰족한 끝단을 살려 손질한 **아스파라거스** 250g
- 삶은 **햇감자** 200g
- **올리브 오일** 1큰술
- **흰 게살** 250g
- **샐러드용 잎채소** 100g
- **소금**, 갓 갈아놓은 **흑후추**

[에그 비네그레트]

- **달걀** 2개
- 다진 **샬롯** 2개 분량
- 다진 **타라곤** 1큰술
- 다진 **이탈리아 파슬리** 1큰술
- 다진 **차이브·처빌** 섞은 것 1큰술
- **유채씨 오일** 50ml
- 맛이 연한 **올리브 오일** 50ml
- **레몬즙**

이 드레싱을 만들 때 실패할 확률은 거의 없습니다. 달걀을 3분 정도만 삶으면 유화된 상태가 분리되지 않죠(마요네즈 법칙을 보려면 218쪽 참조).

1. 아스파라거스가 연해지도록 몇 분 정도 데친 다음 건져내 맛있게 간을 한다. 감자를 썰어 올리브 오일에 버무리고 소금과 흑후추로 간을 한다.
2. 에그 비네그레트 드레싱을 만든다. 먼저 달걀을 3분 정도 삶는다. 주르륵 흐르는 노른자를 재빨리 분리해 푸드 프로세서에 넣고 샬롯과 허브를 함께 넣어 완전히 섞이도록 간다. 흰자를 버리지 말고 한쪽에 둔다. 푸드 프로세서가 작동되고 있을 때 유채씨 오일과 올리브 오일을 조금씩 천천히 부어주면서 에멀전(노른자 + 기름)을 만들고 간을 한다. 레몬즙을 넣어 상큼한 맛을 더한다. 노른자를 분리하고 남은 흰자를 잘게 다져서 넣고 휘저어 섞는다.
3. 차려낼 접시를 준비하고 아스파라거스를 감자와 샐러드, 게살과 함께 보기 좋게 담은 후 드레싱을 적당히 뿌린다.

견과류와 클레멘타인 샐러드 Nutty Clementine

준비 시간 15분

[재료] 4인분

- **석류알** 석류 1개 분량
- 껍질을 벗겨내고 조각내어 썬 **클레멘타인**(귤의 일종. 귤이나 오렌지로 대체 가능) 2개 분량
- 구운 **호두** 50g(214쪽 참조)
- 얇게 썬 **아보카도** 1개 분량
- **루콜라** 100g
- **적치커리 잎** 1포기 분량
- **리코타 치즈** 150g
- **중동식 드레싱** 3큰술(216쪽 참조)
- **소금**, 갓 갈아놓은 **흑후추**

누군가에게 요리 솜씨를 뽐내고 싶을 때, 서로 다른 맛과 식감이 풍성하게 담겨 있는 이 샐러드를 만들어 차려내보세요. 분명 당신을 '샐러드 천재'처럼 보이게 할 수 있다고 우리가 보증할게요. 그게 아니라면 우리가 왜 수많은 사람이 보는 책에다 이 요리를 넣었겠어요.

1. 리코타 치즈를 제외한 모든 샐러드 재료를 커다란 볼에 넣어 맛있게 간을 한다. 중동식 드레싱을 휘저어 섞은 다음 샐러드에 부어 버무린다.
2. 접시에 담고 차려 내기 직전에 리코타 치즈를 군데군데 올린다.

TIP

〈내 사랑 클레멘타인〉 노래를 부르면서 이 샐러드를 만들면 재미있을 겁니다. 아니면 클레멘타인 대신 귤이나 오렌지로 개사해서 자신만의 노래를 만들 수도 있겠죠. 저희는 돌리 파튼 버전을 좋아해요.

타이퐁 오징어 샐러드 Thai Squid Salad

준비 시간 20분 • **조리 시간** 10분

[재료] 4인분

- **타마린드 페이스트** 1큰술
- **피시 소스** 2큰술
- **팜 슈거** 2큰술
- 다진 **마늘** 1쪽 분량
- 다진 **홍고추** 1개 분량
- 내장을 빼내고 손질한 **오징어 몸통** 600g
- **해바라기씨 오일** 3큰술
- **카이엔 페퍼** 1자밤
- **달걀** 2개
- **라이스 비니거** 1큰술
- **설탕** 1자밤
- 가늘고 긴 막대 모양으로 썬 **당근** 2개 분량
- 가늘고 긴 막대 모양으로 썬 **오이** 1/2개 분량
- **숙주나물** 100g
- 송송 썬 **쪽파** 1뿌리 분량
- 3cm 길이로 자른 **차이브** 1단 분량
- 다진 **고수** 3큰술
- 볶은 **땅콩** 다진 것 70g

[차려낼 때]

- 4등분한 **라임** 2쪽

태국의 전통 요리인 팟타이는 누구나 좋아하는 면 요리이지요. 팟타이에 국수 대신 오징어를 넣어 요리해보면 어떨까요? 색다른 맛의 이색 샐러드를 경험해보세요.

1. 맨 앞에 있는 5가지 재료를 섞고 팜 슈거가 녹을 때까지 저어 드레싱을 만든다.
2. 오징어는 몸통을 갈라서 국수처럼 가늘고 긴 모양으로 썬다. 넓은 팬이나 웍에 기름을 두르고 달군 다음 오징어가 살짝만 익도록 재빨리 휘저어 한 번에 볶아낸다. 카이엔 페퍼로 양념을 한다.
3. 드레싱에 오징어를 넣고 버무린 다음 식힌다.
4. 달걀을 깨트려 라이스 비니거와 설탕을 넣고 잘 푼 다음 이것을 팬에 붓고 동심원을 그리도록 넓게 펼쳐 익힌다. 팬에서 꺼내 길게 채 썰어 지단을 만든다.
5. 넓은 볼에 나머지 채소와 허브를 모두 넣고 섞는다. 오징어와 드레싱을 넣고 뒤섞은 후 다진 땅콩을 뿌리고 라임을 곁들여 낸다.

TIP

오징어를 무채로 대체하면 채식 샐러드로 만들 수 있습니다. 드레싱에서 피시 소스를 빼고 타마린드를 좀 더 넣으면 됩니다.

비트 샐러드 And the beet goes on

준비 시간 15분

[재료] 4인분

- 껍질을 벗긴 **비트** 300g
- 껍질을 벗긴 **당근** 5개
- 작은 **무** 1개
- **레디시** 6개
- **물냉이** 100g
- **오렌지 세그먼트** 오렌지 2개 분량
- 작게 부순 **페타 치즈** 70g
- 다진 **민트** 2큰술
- 다진 **딜** 1큰술

[드레싱]

- 다진 **피스타치오** 100g
- **오렌지즙**과 간 **오렌지 껍질** 오렌지 1개 분량
- 다진 **홍고추** 1개 분량
- 다진 **마늘** 1쪽 분량
- **적양파 절임** 2큰술(218쪽 참조)
- **올리브 오일** 3큰술
- **발사믹 비니거** 1작은술
- **소금**, 갓 갈아놓은 **흑후추**

채소를 얇게 썰어서 사용하면 갓 만든 드레싱 고유의 톡 쏘는 맛을 흠뻑 빨아들이죠. 그러면 당연히 여러분의 혀가 즐겁지 않겠어요?

1. 모든 채소를 저미거나(필러로 깎거나) 얇게 썰어 준비한다. (당근과 무는 채소 필러로 얇게 깎을 수 있다. 비트도 가능은 한데 아마 칼로 써는 편이 더 쉬울 듯.) 래디시도 얇게 썰어 준비한다.
2. 드레싱 재료를 모두 섞어 채소와 버무린 다음 간을 한다.
3. 접시에 물냉이를 깔고 그 위에 샐러드를 예쁘게 담는다. 오렌지 세그먼트, 페타 치즈와 허브를 얹어 마무리한다.

TIP

여기에 쓰인 드레싱은
구운 비트와 당근 또는 호박에도
무척 잘 어울립니다.

코코넛 키닐라우* 샐러드 Coconut Kinilaw

준비 시간 30분(양념에 재우는 시간 추가)

[재료] 4인분

- 껍질을 벗긴 **가자미 필렛** 500g
- 아주 가늘게 채 썬 **적양파** 1개 분량
- **소금** 1/2작은술
- **코코넛 비니거** 100ml
- 잘게 썬 **빨간색 파프리카** 1/2개 분량
- 잘게 썬 **노란색 파프리카** 1/2개 분량
- 잘게 썬 **쪽파** 4대 분량
- 껍질을 벗겨 잘게 썬 **오이** 1/4개 분량
- 곱게 다진 **홍고추** 1개 분량
- **코코넛 크림*** 50g
- 뜨거운 **우유**(또는 **코코넛 워터**) 120ml
- 강판에 곱게 간 **마늘** 1/2쪽 분량
- 강판에 곱게 간 **생강** 1작은술
- **카이엔 페퍼** 1자밤
- **강황 가루** 1/4작은술
- **물냉이** 100g
- 깍둑썰기 한 잘 익은 **망고** 1개 분량

[차려낼 때]

- **고수 잎**

코코넛 비니거는 전통적으로 필리핀에서 생선 요리에 사용되어 왔습니다. 열을 가하지 않아도 비니거의 산 성분이 단백질에 산화상을 일으켜 생선 살이 익은 것과 동일한 효과를 냅니다(일식의 시메사바 참조). 만약 코코넛 비니거를 구할 수 없다면 레몬즙이나 라임즙을 사용해도 됩니다.

1. 가자미 필렛에서 가시를 모두 제거하고 1cm 두께로 자른 다음 적양파, 소금, 코코넛 비니거와 함께 강화 유리나 스테인리스 스틸처럼 산(acid)에 영향을 받지 않는 그릇에 담는다. 저어서 잘 섞고 뚜껑을 덮어 냉장고에 넣어 30분 정도 숙성시킨다. (만약 코코넛 비니거 대신 레몬즙이나 라임즙을 사용할 경우에는 15분 정도면 충분하다.)
2. 가자미를 냉장고에 넣어둔 동안 잘게 썬 파프리카와 쪽파, 오이, 홍고추를 볼에 담아 섞는다. 생선 숙성이 끝나면(반투명한 살이 하얗게 변색됨) 건져서 채소들과 잘 버무린다.
3. 코코넛 크림을 강판에 간 뒤 뜨거운 우유나 코코넛 워터, 마늘, 생강, 카이엔 페퍼, 강황 가루를 블렌더에 넣고 곱게 갈아서 식힌다.
4. 접시에 물냉이와 망고를 예쁘게 담고 가자미와 채소 섞은 것을 올린 후 드레싱을 뿌리고, 남은 망고와 고수 잎을 흩뿌려 차려낸다.

✓ 키닐라우(kinilaw) : 필리핀 고유의 날생선 요리를 일컬으며 남미의 세비체와 견줄 만한 요리다. '날것으로 먹는다'는 뜻. 고기와 채소로도 만든다.

✓ 코코넛 크림(coconut creame) : 농축 코코넛 크림 혹은 코코넛 버터라고도 한다. 덩어리져 있어서 칼로 썰거나 강판에 갈아 사용한다.

TIP

가자미는 다른 흰 살 생선으로 대체할 수 있습니다.

가지 키시르 샐러드 Aubergine Kisir

준비 시간 20분 • **조리 시간** 20분

[재료] 4인분

- **불구르** 250g
- 곱게 다진 **적양파** 1개 분량
- **큐민 가루** 1자밤
- **파프리카 페이스트** 1큰술
- **토마토퓌레** 1작은술
- **소금** 1/2작은술
- **올리브 오일** 2큰술
- **석류 시럽** 1큰술
- **레몬즙** 2큰술
- 다진 **쪽파** 4줄기 분량
- 껍질을 벗겨 다진 **토마토** 4개 분량
- 껍질을 벗겨 씨를 빼고 다진 **오이** 1/2개 분량
- 다진 **이탈리아 파슬리** 2큰술
- 슬라이스한 **가지** 1개 분량
- **물냉이** 100g (선택 사항)
- **소금**, 갓 갈아놓은 **흑후추**

[드레싱]

- **플레인 요거트** 200ml
- **타히니**(중동 지역의 참깨 소스) 2큰술
- 다진 **마늘** 1쪽 분량
- **레몬즙** 2큰술
- 다진 **민트** 2큰술

가지 키시르* 샐러드는 전통적인 터키식 식사에서 곁들이거나 정찬 코스 중에 하나로 나오는 샐러드입니다. 이름이 꼭 키스를 연상시키죠. 친구들을 위해 요리할 때 그런 생각을 하는 건 결코 나쁜 것도 아니고요.

1. 볼에 불구르, 적양파, 큐민 가루, 파프리카 페이스트, 토마토퓌레, 소금과 올리브 오일 1큰술을 넣고 잘 섞는다. 200ml의 끓는 물을 부어 다시 한 번 잘 저어주고 랩을 씌워 15분 정도 그대로 둔다. 충분히 부풀어 오르면 석류 시럽, 레몬즙과 다진 채소들과 파슬리를 넣어 저어주고 차갑게 식힌다.
2. 그리들 팬을 달군다. 남은 올리브 오일에 가지를 버무린 후 부드럽게 익을 때까지 뒤집어 가며 양면을 1분씩 굽는다. 맛있게 간을 한다.
3. 플레인 요거트, 타히니, 마늘과 레몬즙을 잘 섞어 드레싱을 만든다. 간을 하고 다진 민트를 넣어 잘 젓는다.
4. 접시에 구운 가지를 담고 그 위에 불구르, 그 위에 드레싱 한 숟가락 순으로 차곡차곡 쌓아올려 탑처럼 담는다. 물냉이를 흩뿌리고 전체적으로 드레싱을 더 뿌려 낸다.

✓ 키시르(kisir) : 터키의 전통 곁들임 음식으로 보통 불구르, 토마토 페이스트, 양파와 마늘, 석류 등으로 맛을 내며 토마토 페이스트로 인해 특유의 붉은빛이 돈다.

TIP

파프리카 페이스트를 구할 수 없다면 빨간색 파프리카를 구워 껍질을 벗긴 다음 마늘, 칠리, 올리브 오일과 함께 갈아서 만들 수 있습니다. 또는 하리사(북아프리카 지역의 고추 양념 : 185쪽 참고) 1작은술을 넣어도 됩니다.

멕시코풍 샐러드 Mexican Salad

준비 시간 20분 • **조리 시간** 40분

[재료] 4인분

- 겉껍질을 제거하지 않은 **통옥수수** 3개
- **빨간색 파프리카·주황색 파프리카** 각각 1개
- **올리브 오일** 1큰술
- 얇게 썬 요리용 **초리조** 200g
- **옥수수 토르티야** 2장
- 큼지막하게 자른 **아보카도** 1개 분량
- 반으로 자른 작은 **토마토** 100g
- **새싹 채소** 150g
- 차려낼 때 쓸 **고수 잎**

[드레싱]

- **치폴레 소스*** 2작은술
- **큐민 가루** 1자밤
- 다진 **고수** 1큰술
- **올리브 오일** 3큰술 • **라임즙** 2큰술
- 다진 **마늘** 1/2쪽 분량

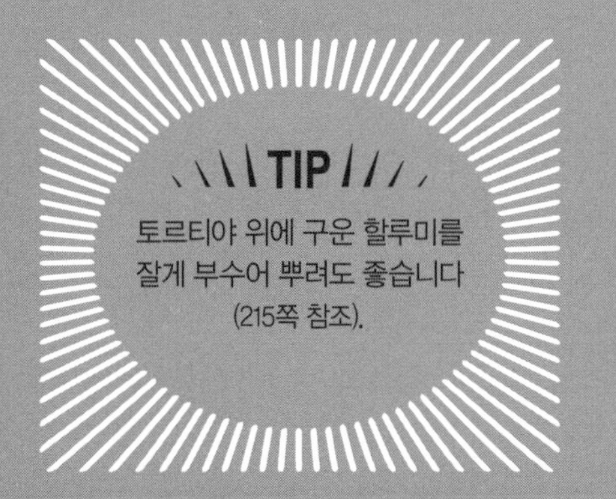

TIP

토르티야 위에 구운 할루미를 잘게 부수어 뿌려도 좋습니다 (215쪽 참조).

친구들이나 가족들과 바비큐를 할 때 안성맞춤인 샐러드입니다. 물론 바비큐를 하지 않을 때도 좋고요.

1. 옥수수를 껍질째 물에 10분 정도 담갔다가 건져서 껍질을 벗기지 않은 상태로 미리 예열해둔 바비큐 그릴이나 그리들 팬에 옥수수 알이 부드럽게 익을 때까지 15분 정도 굽는다. 식혀서 껍질을 벗긴 후 옥수수를 수직으로 세워 알갱이만 길이대로 잘라서 분리한다.
2. 파프리카를 반으로 잘라 씨를 빼낸다. 절반 분량의 올리브 오일을 발라 바비큐 그릴이나 그리들 팬에서 옅은 갈색이 날 때까지 굽는다. 구운 파프리카를 길게 자른다. (반을 가른 단면을 바닥으로 향하게 한 다음 한쪽 끝단에서 다른 쪽 끝단으로 길게 자른다.)
3. 오븐을 170℃로 예열한다.
4. 남은 분량의 올리브 오일을 팬에 두르고 중간 불에서 초리조 슬라이스가 살짝 갈색으로 그슬릴 때까지 익힌다. 토르티야를 길게 잘라 노릇노릇한 색이 날 때 까지 오븐에 넣고 10분 정도 바삭하게 굽는다.
5. 드레싱 재료를 모두 휘저어 섞고 간을 한다.
6. 넓은 볼에 초리조와 옥수수, 파프리카, 아보카도와 토마토를 담아 뒤섞고 드레싱을 뿌려 골고루 버무린다. 샐러드용 잎채소와 섞어 넓은 접시에 담는다. 그 위에 길게 잘라 구운 토르티야를 올리고 고수 잎을 따로 얹어 낸다.

✓ 치폴레 소스(chipotle sauce) : 멕시코 전통 요리에 주로 사용되는 소스로 할라피뇨 고추를 훈연 건조해서 만든다.

베이컨과 고트 치즈를 곁들인 적양배추 샐러드

Red Cabbage with Bacon & Goats' Cheese

준비 시간 15분 • **조리 시간** 25분

[재료] 4인분

- 1~2cm 크기로 자른 **베이컨** 100g
- **올리브 오일** 1큰술
- 채 썬 **적양파** 2개 분량
- **발사믹 비니거** 2큰술
- **소프트 브라운 슈거** 2작은술
- 채 썬 **적양배추** 1/2통 분량
- 씨를 빼고 깍둑썰기 한 **사과** 2개 분량
- 적당히 다진 구운 **헤이즐넛** 50g
- 다진 **이탈리아 파슬리** 2큰술
- **고트 치즈** 부스러기 100g
- **소금**, 갓 갈아놓은 **흑후추**

이 샐러드는 크리스마스처럼 뭔가 풍성한 음식들이 필요할 때에 알맞은 음식이죠. 이를테면 파티 시즌을 채워줄 연료라고나 할까요? 따뜻하게 혹은 실온 상태 그대로 차려내도 좋습니다.

1. 커다란 팬에 올리브 오일을 두르고 베이컨이 노릇해질 때까지 굽는다. 타공 스푼으로 베이컨을 건져 키친타월 위에 올려서 기름을 제거한다.
2. 팬에 적양파와 발사믹 비니거, 브라운 슈거를 소금도 넉넉하게 1자밤 넣은 다음 양파가 부드럽게 익을 때까지 몇 분 동안 볶는다. 적양배추를 넣고 숨이 죽을 때까지 10분 정도 저어가며 볶는다.
3. 맛있게 간을 하고 다시 5분 정도 더 볶는다. 팬을 불에서 내리고 미지근해질 때까지 식힌다. 익힌 베이컨과 나머지 재료들을 함께 담아 차려낸다.

TIP

헤이즐넛과 고트 치즈 대신
호두와 페타 치즈를
넣어도 무방합니다.

뚝딱 만드는 양고기 샐러드 Lamb Snap Salad

준비 시간 20분(양념에 재우는 시간 추가) • **조리 시간** 10분

[재료] 4인분

- **양 다리 스테이크** 200g×2쪽
- **올리브 오일** 1큰술
- **레몬즙** 2큰술
- 갓 갈아놓은 **흑후추** 1/2작은술
- 어린 **시금치 잎** 100g
- 잘게 찢은 **라디키오** 1/2개 분량
- 슬라이스한 **슈거 스냅** 200g
- **잠두콩** 150g

[살사 베르데]

- 다진 **마늘** 1쪽 분량
- 물기를 짜낸 **케이퍼** 1큰술
- **앤초비 필렛** 3포
- **이탈리아 파슬리** 1단
- **민트 잎** 잔가지 2개 정도 분량
- **디종 머스터드** 1작은술
- **레드 와인 비니거** 1큰술
- **올리브 오일** 100ml, 차려낼 때 쓸 분량
- **소금**, 갓 갈아놓은 **흑후추**

TIP

남은 양고기 구이를 사용할 경우에는 얇게 썰어 살사 베르데 드레싱에 버무리면 됩니다.

먹고 남은 양고기 구이를 활용하기에 아주 좋은 레시피입니다. 요리법도 간단해 잽싸게 만들 수 있어요.

1. 양 다리 스테이크를 손질하여 올리브 오일과 레몬즙, 흑후추를 발라 1시간 정도 재워둔다.
2. 넓은 볼에 시금치 잎과 잘게 찢은 라디키오를 담아놓는다. 슈거 스냅과 잠두콩은 식감과 색감을 살리기 위해 끓는 물에 살짝 데쳐 찬물에 헹군 뒤 물기를 잘 뺀다. 소금과 흑후추로 간을 한 다음 시금치와 라디키오를 담아놓은 볼에 넣는다.
3. 마늘, 케이퍼, 앤초비 필렛, 파슬리와 민트를 푸드 프로세서로 함께 갈아 살사 베르데를 만든다. 푸드 프로세서를 사용하지 않는다면 손으로 잘게 다져도 된다. 이 믹스를 별도의 볼에 담고 머스터드와 레드 와인 비니거를 넣어 잘 젓는다. 부드러운 페이스트가 될 때까지 올리브 오일을 조금씩 넣어가며 저어주고 맛있게 간을 한다.
4. 그리들 팬을 달군 다음 양 다리 스테이크를 한 면당 2분씩 굽는다. (고기가 두껍다면 조금 더 오래 굽는다.) 5분 정도 레스팅을 하고 1~2cm 정도의 크기로 썬다.
5. 샐러드에 올리브 오일을 약간 넣어 버무리고 접시에 예쁘게 담는다. 양고기 조각에 살사 베르데를 골고루 무쳐 샐러드에 넣고 뒤섞는다.

고추냉이 스테이크 샐러드 Wasabi Steak

준비 시간 15분(양념에 재우는 시간 추가) • **조리 시간** 5분

[재료] 4인분

- **맛술** 2큰술
- **간장** 2큰술
- **브라운 슈거** 1작은술
- **참기름** 1작은술
- 1~2cm 두께로 자른 소의 **서로인**-등심 중 허리 윗부분 살(또는 **럼프**-엉덩이 살) 400g
- **유채씨 오일** 1큰술
- **물냉이** 150g
- 필러로 얇게 슬라이스한 **아스파라거스** 200g
- 익힌 **대두 풋콩** 150g
- 길이대로 채 썬 **쪽파** 1뿌리 분량
- **검은 참깨** 1큰술
- **참깨** 1큰술

[드레싱]

- **고추냉이 페이스트** 2작은술
- **간장** 1큰술
- **라이스 비니거** 2큰술
- 맛이 연한 **올리브 오일** 1큰술
- **브라운 슈거** 1작은술

정말 감칠맛 도는 스테이크죠. 아마 손님들에게 맛의 신세계를 열어줄 거예요.

1. 맛술, 간장, 브라운 슈거와 참기름을 섞어 마리네이드를 만든다. 준비한 쇠고기를 마리네이드에 하룻밤 정도 재운다.
2. 드레싱 재료를 모두 섞는다.
3. 커다란 팬이나 웍에 유채씨 오일을 두르고 달군 후 마리네이드에 재워둔 쇠고기를 넣고 1분 정도 재빨리 볶는다. 불에서 내려 5분 정도 레스팅 한다.
4. 물냉이, 아스파라거스와 대두 풋콩에 드레싱을 뿌려 버무린다. 접시에 스테이크와 함께 예쁘게 담고 그 위에 양파와 검은 참깨와 참깨를 올려 낸다.

TIP

아스파라거스 풋콩 샐러드는 별다른 양념 없이 구운 스테이크는 물론이고 양고기 및 닭고기에도 아주 잘 어울린답니다.

이탈리아풍 치킨 샐러드 Italian Chicken

준비 시간 15분

[재료] 4인분

- **닭다리 살**을 익혀 얇게 썬 것 300g
- **루콜라** 125g
- 얇게 슬라이스한 **셀러리 하트** 1대 분량
- 익힌 **렌틸 콩** 100g
- 잘게 찢은 **코파 디 파르마*** 100g
- **그라나 파다노 치즈** 얇은 조각 50g
- **소금**, 갓 갈아놓은 **흑후추**

[드레싱]

- 찬물에 담갔다가 건져 다진 **케이퍼** 1큰술
- 다진 **모스타르다*** 1큰술
- 채 썬 **민트** 1큰술
- **발사믹 비니거** 1큰술
- **올리브 오일** 3큰술

✓ 코파 디 파르마(coppa di Parma) : 돼지 목살으로 만든 파르마 지방의 특산 건조 숙성 햄.

✓ 모스타르다(mostarda) : 당 절임한 과일과 겨자로 풍미를 낸 시럽 형태의 이탈리아산 양념.

TIP

셀러리 다발의 겉 쪽 큰 줄기를 떼어내면 색이 약간 연하고 잎과 줄기가 부드러운 작은 다발이 남는데 이것을 셀러리 하트라고 합니다. 셀러리 하트는 섬유질이 억세지 않아 그대로 요리에 사용합니다.

모스타르다는 이탈리아의 과일 조미료입니다. 모스타르다가 없다면 다른 건과일로 대체할 수 있습니다. 말린 배도 좋습니다.

1. 드레싱 재료를 모두 휘저어 섞는다.
2. 닭고기와 루콜라, 셀러리, 렌틸 콩을 섞어서 맛있게 간을 한 다음 절반 분량의 드레싱으로 버무린다.
3. 접시에 예쁘게 담고 코파 디 파르마, 그라나 파다노를 그 위에 올린다. 남은 분량의 드레싱을 뿌린다.

TIP

렌틸 콩 조리법

1. 렌틸 콩을 잘 씻은 후 거름망에 걸러 물을 제거합니다.
2. 냄비에 넣고 콩이 물에 잠기도록 3cm 높이로 물(혹은 육수)을 부어 줍니다.
3. 마늘 몇 쪽과 세이지나 로즈메리 같은 허브를 몇 줄기 넣어 줍니다.
4. 렌틸 콩이 부드럽게 익을 때까지 20분 정도 뭉근하게 끓입니다.
5. 물을 따라내고 뜨거운 상태로 간을 합니다.
6. 올리브 오일에 버무립니다.

중국풍 웰빙 샐러드 Chinese Wellbeing Salad

준비 시간 20분(건해초를 물에 불리는 시간 추가)

[재료] 4인분

- **건해초류** 25g
- 채 썬 **무** 150g
- 채 썬 **당근** 2개 분량
- 씨를 빼고 가늘게 채 썬 **오이** 1/4개 분량
- 얇게 썬 **표고버섯** 100g
- 다진 **쪽파** 1뿌리 분량
- **숙주나물** 1줌
- 볶은 **참깨** 2큰술

[드레싱]

- **간장** 1큰술
- **라이스 비니거** 1큰술
- **브라운 슈거**(또는 팜 슈거) 1작은술
- **참기름** 1작은술
- 간 **생강** 1작은술
- 다진 **고수** 1큰술

[차려낼 때]

- 무순

이 샐러드는 영양 면에서는 어디에 내놔도 손색이 없을 만큼 풍부하죠. 해초와 표고버섯에는 각종 비타민과 미네랄이 듬뿍 들어 있고 수천 년 동안 동아시아에서 약용으로도 사용되어왔습니다. 그러니 맛있게 드시고 건강하세요.

1. 건해초에 미지근한 물을 충분히 부어 30분 정도 불린 후 찬물로 잘 헹구어 물기를 제거한다.
2. 드레싱 재료를 모두 섞고 채소를 손질하여 준비한다.
3. 커다란 볼에 손질한 채소, 물기를 뺀 해초, 드레싱을 넣고 버무린다. 접시에 담고 위에 참깨와 무순을 올려 낸다.

TIP

어떤 종류의 건해초류를 사용해도 무방합니다. 모둠 해초도 마트에서 쉽게 구할 수 있습니다.

FOOD FOR FAMILY

호박, 칠리, 후무스 & 페타 샐러드 Squashed Chilli, Hummus & Feta

준비 시간 15분 • **조리 시간** 35분

[재료] 4인분

- **버터넛 스쿼시*** 1개
- **올리브 오일** 3큰술
- 볶은 **큐민 씨 가루** 1큰술
- 얇게 송송 썬 **홍고추** 2개 분량
- 가늘게 채 썬 **마늘** 3쪽 분량
- 슬라이스한 **쪽파** 4줄기 분량
- **레몬즙** 2큰술
- **루콜라** 50g
- **후무스** 100g
- **레온식 볶은 씨앗** 2큰술(215쪽 참조)
- **소금**, 갓 갈아놓은 **흑후추**

[드레싱]

- **페타 치즈** 100g
- **레드 와인 비니거** 2큰술
- 다진 **민트** 1큰술
- **올리브 오일** 2큰술

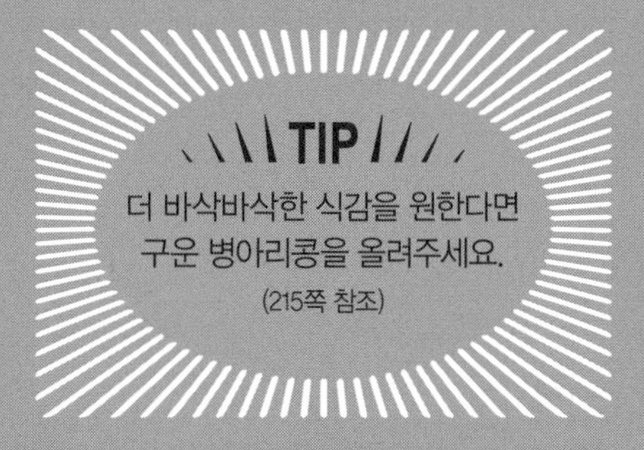

지중해에서 온 이 요리는 맛있을 뿐 아니라 믿을 수 없을 정도로 간편해 삼시 세끼 아무 때나 즐겁게 만들어 먹을 수 있을 겁니다.

1. 오븐을 180℃로 예열한다.
2. 버터넛 스쿼시를 반으로 자르고 씨를 파낸다. 각각의 반쪽을 4조각씩 웨지 모양으로 자른다. 올리브 오일 1큰술을 겉면에 바른 뒤 큐민 씨 가루, 소금과 흑후추를 골고루 문지른다. 베이킹 트레이에 담아 오븐에 넣고 30분 정도 익히는데 시간이 반 정도 지났을 때 한 번 뒤집는다. 다 익으면 꺼내어 한 김 식힌다.
3. 나머지 올리브 오일 2큰술을 프라이팬에 둘러 달군 뒤 홍고추와 마늘, 쪽파를 볶는다. 마늘이 살짝 갈색으로 익기 시작할 때까지 볶은 뒤 체에 밭쳐 오일을 빼 따로 담는다. 이 오일에 레몬즙을 섞어 한쪽에 둔다.
4. 페타 치즈에 레드 와인 비니거와 민트를 함께 넣고 으깨서 페타 드레싱을 만든다. 올리브 오일을 추가해 잘 저어주고 원하는 농도가 될 때까지 약 50ml의 물을 조금씩 넣으며 젓는다. 소금과 흑후추로 간을 한다.
5. 버터넛 스쿼시 웨지들을 루콜라와 함께 접시에 예쁘게 담는다. 3의 오일 레몬즙에 후무스를 넣고 저어 샐러드에 뿌린다. 볶은 고추와 마늘, 쪽파를 샐러드 위에 흩뿌리고 페타 드레싱을 뿌린다. 레온식 볶은 씨앗을 뿌려 마무리한다.

✓ 버터넛 스쿼시(butternut squash) : 땅콩을 닮아 땅콩호박이라고도 불리며 버터와 견과류의 맛이 함께 난다.

호두 드레싱과 사과를 곁들인 삼겹살 샐러드

Pork Belly With Apple & Walnut Dressing

준비 시간 30분 • **조리 시간** 1시간 15분

   GF : 글루텐 프리 치킨 스톡을 사용했을 경우

[재료] 4인분

- 두툼하게 썬 **삼겹살** 400g
- **치킨 스톡** 200ml
- **해바라기씨 오일** 1큰술
- 다진 **로즈메리** 1큰술
- 손질한 **펜넬** 2개
- **올리브 오일** 1큰술
- 익힌 **그린빈스** 200g
- 씨를 빼고 깍둑썰기 한 **사과** 2개 분량
- 손질해서 익힌 **브로콜리**(또는 보라콜리) 200g
- **호두 드레싱** 4큰술(219쪽 참조)
- **루콜라** 50g
- 구운 **호두** 1줌
- **소금**, 갓 갈아놓은 **흑후추**

TIP

오븐 구이 삼겹살을 자그마한 큐브 모양으로 썰어 사용해도 됩니다.

또 직화 그릴을 이용해 고기가 연해질 때까지 구울 수도 있고요. 하지만 돼지고기에서 상당한 양의 기름이 나올 테니 주의하세요. (기름이 고열이나 직화에 노출되면 화재의 위험이 있어요.)

번거롭고 시간도 오래 걸리는 선데이 로스트 샐러드를 집에서 만들어 먹을 수 있을 거라고는 상상도 못했다고요? 천만에요. 충분히 할 수 있습니다.

1. 삼겹살을 치킨 스톡(육수)에 넣어 연해질 때까지 1시간 정도 뭉근히 삶는다. 고기가 육수에 푹 잠긴 채로 끓여야 하므로 추가로 물을 더 부어도 괜찮다. 삼겹살을 건져 키친타월로 남은 물기를 제거한다. 껍질을 떼어내고 3~4cm 크기로 썬다.
2. 웍에 해바라기씨 오일을 둘러 달군 다음 삼겹살을 넣고 간을 하여 고기가 바삭하게 익을 때까지 볶는다. 돼지고기를 웍에서 꺼내기 직전에 로즈메리를 뿌려 다시 한 번 휘저은 후 타공 스푼으로 건져낸다.
3. 만돌린으로 펜넬을 얇게 깎아 올리브 오일에 버무린 다음 뜨겁게 달군 그리들 팬에 넣어 숨만 죽을 정도로 재빨리 볶고 불에서 내려 간을 한다.
4. 넓은 볼에 펜넬과 그린빈스, 사과, 브로콜리를 넣어 섞고 호두 드레싱을 뿌려 버무린다.
5. 접시에 루콜라를 예쁘게 담고 드레싱에 버무린 채소를 얹은 후 구운 삼겹살과 호두를 흩뿌린다.

프레골라 & 초리조 샐러드 Fregola & Chorizo

준비 시간 30분 • **조리 시간** 20분

[재료] 4인분

- 익힌 **프레골라**(쇼트 파스타의 일종) 200g
- 구워서 반으로 자른 **방울 양배추** 400g (190쪽 참조)
- 가늘게 채 썬 **라디키오** 1/2개 분량
- **적양파 절임** 2큰술(218쪽 참조)
- 물기를 뺀 통조림 **보를로티 콩*** 400g x 1캔
- **올리브 오일** 1큰술, 샐러드에 뿌릴 분량
- 작게 깍둑썰기 하여 익힌 **초리조** 200g
- 곱게 다진 **로즈메리** 1큰술
- 다진 **마늘** 2쪽 분량
- **발사믹 비니거** 1큰술
- **페타 치즈** 30g
- 구운 **잣** 2큰술
- **이탈리아 파슬리**(또는 처빌) 2큰술
- **소금**, 갓 갈아놓은 **흑후추**

✓ 보를로티 콩(borlotti beans) : 이탈리아 전역에 걸쳐 분포하는 두꺼운 껍질을 가진 콩. 우리나라의 밤콩과 유사하다.

프레골라는 이스라엘 쿠스쿠스와 비슷하지만 사르데냐(이탈리아 남단의 섬)에서 온 파스타입니다. 씁쓸한 맛의 적치커리와 매콤한 초리조는 환상의 짝꿍이죠.

1. 넓은 볼에 프레골라, 방울 양배추, 라디키오와 적양파 절임을 섞는다. 보를로티 콩을 잘 헹구어 물기를 빼서 볼에 넣는다. 맛있게 간을 한다.
2. 넓은 팬에 올리브 오일을 둘러 달군 후 초리조가 노릇해질 때까지 굽는다. 타공 스푼으로 건져 채소를 담아놓은 볼에 넣는다.
3. 팬에 남아 있는 기름을 1큰술만 남기고 따라 버린다. 로즈메리와 마늘을 넣어 1분 정도 볶는다. 발사믹 비니거를 넣고 1분 정도 끓인다. 불에서 내려 미지근해질 때까지 식힌 후 샐러드 볼에 넣고 다른 재료와 함께 버무린다.
4. 샐러드를 담아낼 볼에 예쁘게 담는다. 페타 치즈, 잣 그리고 파슬리를 올린 다음 올리브 오일을 뿌려서 마무리한다.

그릴에 구운 양고기와 고트 치즈 샐러드

Grilled Lamb & Goat's Cheese

준비 시간 20분 • **조리 시간** 45분

[재료] 4인분

- 반으로 자른 작은 **플럼 토마토** 200g
- **올리브 오일** 4큰술
- 다진 **마늘** 1쪽 분량
- **오레가노** 2큰술
- **양 다리 스테이크** 200g x 2쪽(163쪽처럼 그릴에 구운 것)
- 원형으로 자른 **가지** 1개 분량
- **큐민 가루**(또는 고수 가루) 1자밤
- **발사믹 비니거** 2작은술
- **루콜라** 50g
- **고트 치즈** 100g
- 다진 **블랙 올리브** 2큰술
- 다진 **민트** 1큰술
- **소금**, 갓 갈아놓은 **흑후추**

TIP

그릴에 구운 양 다리 스테이크 대신 로스트 램(오븐 구이 양고기)을 얇게 썰어 사용해도 좋습니다. 양고기를 살사 베르데에 버무려도 됩니다.(163쪽 참조)

가족 만찬 메뉴로 아주 그만입니다. 이 맛있는 저녁을 먹으면서 사람들은 웃고 떠들고, 강아지는 식탁 밑에서 짖어대겠죠.

1. 오븐을 120℃로 예열한다.
2. 반으로 자른 플럼 토마토를 껍질 쪽이 아래로 향하도록 베이킹 트레이에 담는다. 올리브 오일 3큰술과 다진 마늘을 섞는다. 여기에 절구에 빻은 오레가노를 섞은 뒤 토마토 위에 골고루 뿌리고 간을 한다. 오븐에 넣어 45분 정도 익힌 다음 토마토만 꺼내서 잠시 한쪽에 둔다. 트레이에 남은 오일과 토마토즙은 커다란 볼에 따라둔다.
3. 양고기는 레스팅 한 다음 아주 얇게 슬라이스한다. 석쇠를 아주 뜨겁게 가열하고 올리브 오일 1큰술을 썰어놓은 가지에 바른다. 가지의 양쪽 면을 각각 1분 정도씩 연해지도록 굽는다. 불에서 내려 큐민 가루와 발사믹 비니거를 뿌린다.
4. 가지, 토마토, 루콜라를 섞어 접시에 예쁘게 담는다. 가지 위에 양고기 슬라이스를 얹고 그 위에 고트 치즈와 블랙 올리브, 민트를 뿌려서 마무리한다.

베리 페리페리 치킨 샐러드 Very Peri-peri Chicken

준비 시간 40분(양념에 재우는 시간 추가) • **조리 시간** 25분

[재료] 4인분

- **닭 가슴살** 2~3쪽(또는 **닭 허벅지살** 4~6쪽)
- 껍질을 벗겨 막대 모양으로 자른 **고구마** 1kg
- 곱게 다진 **마늘** 2쪽 분량
- 다진 **홍고추** 1개 분량
- 다진 **쪽파** 4줄기 분량
- **올리브 오일** 1큰술
- **라임즙** 라임 1개 분량
- **어린 시금치**(또는 **어린 케일 잎**) 70g
- 다진 **고수** 2큰술
- 다진 **민트** 1큰술
- 깍둑썰기 한 **노란색 파프리카** 1/2개 분량
- **랜치 드레싱** 3~4큰술(216쪽 참조)
- **레온식 볶은 씨앗**(215쪽 참조, 선택 사항)
- **소금**, 갓 갈아놓은 **흑후추**

[마리네이드]

- 다진 **마늘** 1쪽 분량
- **레몬즙** 1큰술
- **레드 와인 비니거** 1큰술
- **올리브 오일** 1큰술
- **파프리카 가루** 1큰술
- **카이엔 페퍼** 1자밤

페리페리 소스나 양념을 따로 살 필요가 없습니다. 이 버전은 페리 파이(페리페리 치킨을 넣은 파이. 냉동 제품)만큼이나 만들기 쉽답니다. 금요일 밤엔 다들 그러잖아요? (얼른 먹고 놀아야 하니까.)

1. 마리네이드 재료를 모두 섞어서 닭 가슴살에 문지른다. 2시간 이상 또는 기호에 따라 하룻밤 정도 재워둔다.
2. 그리들 팬을 뜨겁게 달군다. 닭고기를 양념에서 건져 팬에 올린 후 손가락으로 눌러봐서 단단함이 느껴질 때까지 5분 정도 굽는다. 뒤집어서 반대쪽 면도 손가락으로 눌러봐서 단단함이 느껴질 때까지 굽는다. 10분 정도 레스팅 한다.
3. 닭고기를 조리하는 동안 고구마를 15~20분 정도 찐 다음 볼에 옮긴다. 팬에 마늘, 홍고추, 쪽파, 올리브 오일을 넣고 5분 동안 볶은 후 라임즙과 함께 고구마에 넣어 버무린다. 맛있게 간을 한다.
4. 넓은 샐러드 접시에 시금치 또는 케일 잎과 함께 고구마를 예쁘게 담는다.
5. 닭고기를 얇게 썰어 그 위에 올린다. 고수와 민트, 노란색 파프리카를 흩뿌린 다음 랜치 드레싱을 뿌린다.
6. 기호에 따라 레온식 볶은 씨앗을 그 위에 뿌려 마무리한다.

가도 가도 샐러드 Gado Gado

준비 시간 30분 • **조리 시간** 30분

[재료] 4인분

- 1~2cm 두께로 썬 **감자** 200g
- 2cm 크기로 깍둑썰기 한 부침용 **두부** 150g
- 튀김용 **쌀겨 오일**(미강유, 현미유-또는 무향, 무미의 다른 식용유)
- 익힌 **양배추** 200g
- **숙주나물** 100g
- 가느다란 막대 모양으로 썬 **당근** 2개 분량
- 길게 채 썬 **쪽파** 1뿌리 분량
- 얇게 슬라이스한 **오이** 1/4개 분량
- 반으로 자른 **삶은 달걀** 4개 분량

[드레싱]

- 곱게 다진 **샬롯** 2개 분량
- 다진 **마늘** 1쪽 분량
- 다진 **홍고추** 2개 분량
- **코코넛 오일** 1큰술
- **카이엔 페퍼** 1자밤
- **소프트 브라운 슈거** 1큰술
- **코코넛 밀크** 200ml
- **타마린드 페이스트** 1작은술
- **케첩 마니스** 1작은술
- 구운 **땅콩** 곱게 간 것 100g
- **피시 소스** 1작은술
- **라임즙** 라임 1/2개 분량

튀긴 두부와 땅콩 드레싱이 생채소와 구운 채소의 그 어떤 조합과도 잘 어울리는 개성 있는 샐러드입니다. 이 샐러드의 이름 '가도 가도'는 '마구 마구 섞는다'는 뜻의 인도네시아 말입니다.

1. 드레싱을 만든다. 팬에 샬롯, 마늘, 홍고추, 코코넛 오일을 넣어 부드러워질 때까지 5분 정도 익히고 카이엔 페퍼, 브라운 슈거, 코코넛 밀크, 타마린드 페이스트, 케첩 마니스를 추가해 끓인다. 여기에 땅콩과 물 50ml를 더 넣고 5분 정도 뭉근히 끓인다. 더블 크림 정도의 농도가 날 때까지 졸인 후 피시 소스와 라임즙을 넣어 특유의 맛을 더한다.
2. 키친타월로 감자와 두부의 물기를 제거한다. 쌀겨 오일을 180℃ 정도로 가열한 후 감자와 두부를 넣어 노릇한 색이 나고 바삭하게 익을 때까지 튀긴다. 건져서 키친타월 위에 올려 기름을 뺀다.
3. 접시에 감자를 보기 좋게 담는다. 생채소와 익힌 채소에 드레싱을 절반 정도 부어 버무린다. 그 위에 삶은 달걀과 튀긴 두부를 얹는다. 남은 드레싱은 따로 곁들인다.

TIP

가니시로는 튀긴 크루푹(인도네시아 새우 크래커)이 잘 어울립니다.

불구르를 곁들인 하리사 새우 샐러드
Harissa Prawns with Bulgur

준비 시간 20분 • **조리 시간** 10분(불구르를 물에 불리는 시간 추가)

[재료] 4인분

- **불구르** 200g
- 껍질을 깐 **생새우** 400g
- **로즈 하리사*** 1큰술
- **올리브 오일** 4큰술
- **레몬즙** 레몬 1/2개 분량
- 익힌 **완두콩** 200g
- 썰어서 익힌 **슈거 스냅** 200g
- 다진 **딜** 2큰술
- 다진 **민트** 2큰술
- **물냉이** 50g
- **새싹 채소** 50g
- **루콜라 잎** 1줌
- **소금**, 갓 갈아놓은 **흑후추**

✓ 하리사(harissa) : 고추와 토마토, 레몬 등으로 만드는 북아프리카의 매운 소스로, 로즈 하리사는 실제로 장미 잎이나 장미수를 넣어서 만든다.

하리사는 생선, 고기 및 채소의 맛에 타의 추종을 불허하는 깊이와 온기를 더해줍니다. 레온에서 즐겨 쓰는 조미료 중의 하나지요.

1. 불구르가 잠길 만큼 끓는 물을 부은 뒤 소금을 넉넉하게 1자밤 넣고 뚜껑을 덮어 30분 정도 둔다. 불린 불구르가 포슬포슬해지도록 포크로 뒤섞는다(밥을 다 지으면 주걱으로 섞어주듯이).
2. 불구르를 불리는 동안 새우에 로즈 하리사를 골고루 입히고 간을 한다. 넓은 프라이팬에 올리브 오일을 1큰술 두르고 아주 뜨겁게 달군 다음, 절반 분량의 새우를 넣어 손으로 만져서 단단함이 느껴지고 노릇한 색이 날 정도로 1분 정도 살짝 볶아낸다. 타공 스푼으로 건져내고 나머지 새우도 같은 과정으로 조리한다.
3. 레몬즙과 나머지 분량의 올리브 오일을 휘저어 섞은 다음 간을 해 드레싱을 만든다. 완두콩과 슈거 스냅을 불구르에 넣어 섞고 절반 분량의 허브(딜, 민트)를 넣는다. 드레싱을 부은 후 버무린다.
4. 볼에 물냉이를 깔고 샐러드를 옮겨 담는다. 새우를 올리고 나머지 허브, 새싹 채소와 루콜라를 뿌려 낸다.

생강과 꿀로 맛을 낸 연어 샐러드 Ginger & Honey Salmon

준비 시간 30분 • **조리 시간** 10분

WF, GF : 쌀국수를 사용했을 경우만(메밀국수에는 밀가루가 섞여 있을 수 있으므로).

[재료] 4인분

- **연어 필렛** 100g×4장
- **참기름** 1큰술
- **흑미 국수**(또는 **메밀국수**) 200g
- 데쳐서 다진 **시금치** 50g
- 데친 **샘파이어(함초)*** 50g
- 길게 썬 **오이** 1/2개
- 송송 썬 **쪽파** 4줄기 분량
- 볶은 **참깨** 1큰술
- **검은깨** 1큰술
- **고수 잎**
- **소금**, 갓 갈아놓은 **흑후추**

[드레싱]

- 곱게 간 **생강** 길이 2cm 정도 분량
- 으깬 **마늘** 1쪽 분량
- **라임즙** 라임 1개 분량
- 액상 **꿀** 2작은술
- **해바라기씨 오일** 50ml
- **소금**, **카이엔 페퍼**

✓ 샘파이어(samphire) : 유럽의 해안 바위 위에서 자라는 미나리과 식물. 우리나라에서는 '함초'라고 부르며 주로 갯벌에서 자란다.

독특하고 흥미로운 샐러드입니다. 이 한 마디면 충분히 설명이 될 것 같은데요.

1. 커다란 그리들 팬을 달군다. 연어 필렛에 참기름을 바르고 간을 한다. 양면을 각각 2분 정도씩 굽는다, 연어 필렛의 두께를 감안해서 거의 다 익을 정도로 굽는다. 불에서 내려 레스팅 한다.
2. 드레싱 재료를 모두 섞은 뒤 갈아서 유화시킨다.
3. 소금을 넉넉하게 넣은 끓는 물에 국수를 넣어 4~5분간 삶아 찬물에 헹군 다음 넓은 볼에 옮겨 시금치, 샘파이어(함초), 오이와 드레싱을 넣고 함께 버무린다.
4. 국수 위에 연어를 얹고 그 위에 쪽파, 참깨, 검은깨를 흩뿌리고 고수 잎을 얹어서 낸다.

인도네시아풍 그린 샐러드 Indonesian Greens

준비 시간 20분 • **조리 시간** 10분

[재료] 4인분

- 줄기를 제거하고 채 썬 **케일** 100g
- 채 썬 **배추** 1/2포기 분량
- 다듬어서 1cm 길이로 썬 **그린빈스** 150g
- **시금치·숙주나물** 각각 100g
- 껍질을 벗겨 1cm 두께로 썬 **오이** 1/3개 분량
- **블라칸**(또는 **새우 페이스트**) 1작은술
- 다진 **마늘** 1쪽 분량
- 곱게 다진 **샬롯** 2개 분량
- **브라운 슈거** 1작은술
- **라임즙** 라임 1/2개 분량
- **코코넛 오일** 1큰술
- 말린 **코코넛** 70g
- 채 썬 **라임 잎** (선택 사항)
- **소금, 카이엔 페퍼**

TIP

새우 페이스트 대신에 미소 된장을 사용하면 완전한 채식이나 비건식이 됩니다.

레시피에 소개된 채소들은 이 샐러드에 사용할 수 있는 채소들의 예시일 뿐입니다. 여기서 재료로 쓴 채소 이외에도 당근, 브로콜리와 콜리플라워도 이 향긋한 드레싱에 잘 어울립답니다.

1. 케일, 배추, 그린빈스와 시금치를 각각 따로 데친다(익는 시간이 각각 다르므로). 찬물로 헹군 뒤 남은 물기를 꾹 짜거나 눌러 제거한다. 넓은 볼에 숙주나물, 오이와 함께 넣어 섞는다.
2. 이어지는 다섯 가지 재료를 섞어 페이스트를 만든다. 절구가 없으면 푸드 프로세서를 이용해도 된다. (채소들을 전부 담을 수 있을 정도로 큰) 팬에 코코넛 오일을 둘러 달군 다음 페이스트를 넣고 타지 않게 주의하며 약 2분간 조리한다. 라임 잎과 코코넛을 넣고 잘 저어 섞는다. 물 150ml를 부어 5분 정도 뭉근하게 끓인다.
3. 채소들을 넣고 잘 섞는다. 1분 정도 익힌 다음 볼에 옮겨 담는다. 소금과 카이엔 페퍼로 간을 맞춘 샐러드를 실온 정도로 식힌 후 먹는다.

프리카 샐러드 Get your Freekeh on

준비 시간 30분 • **조리 시간** 20분

[재료] 4인분

- **방울 양배추** 400g
- 껍질을 벗긴 **돼지감자** 200g
- **메이플 시럽** 1작은술
- **올리브 오일** 1큰술
- 익힌 **프리카** 150g
- 씨를 빼고 얇게 썬 **빨간 사과** 2개 분량
- 가늘게 채 썬 **대추야자** 100g
- 구워서 적당히 다진 **통아몬드** 70g
- **소금**, 갓 갈아놓은 **흑후추**

[드레싱]

- **대추 시럽** 2작은술
- **셰리 비니거** 1큰술
- **올리브 오일** 3큰술
- 잘게 다진 **샬롯** 1개 분량
- **홀그레인 머스터드** 1작은술

[차려낼 때]

- 얇게 깎은 **파르메산 치즈** 조각 30g (선택 사항)
- **이탈리아 파슬리**

요조숙녀의 점심으로 딱 어울리는 샐러드를 소개합니다. 조신하지만 매력적인 한 방이 숨어 있는 멋진 샐러드입니다.

1. 오븐을 180℃로 예열한다.
2. 방울 양배추는 시든 잎들을 골라내어 손질하고 4등분한다. 돼지감자를 1cm 두께로 자른다. 방울 양배추와 메이플 시럽, 올리브 오일을 섞은 후 간을 하고 오븐에 넣어 양배추 잎이 연해질 때까지 20분 정도 굽는다. 오븐에서 꺼내 식힌다.
3. 드레싱 재료를 모두 휘저어 섞는다.
4. 모든 샐러드 재료와 드레싱을 섞어 접시에 담는다. 파르메산 치즈 조각과 파슬리 잎을 흩뿌려 낸다.

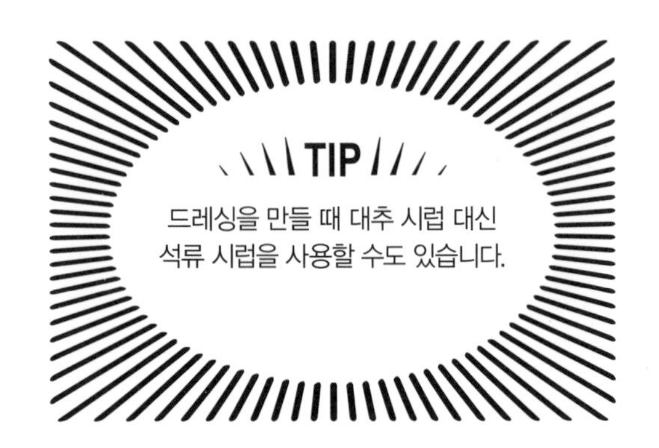

말린 배를 곁들인 훈제 치킨 샐러드

Smoked Chicken with Dried Pear

준비 시간 30분

[재료] **4인분**

- 길게 썬 **빨간색 파프리카** 1/2개 분량
- 길게 썬 **노란색 파프리카** 1/2개 분량
- 껍질을 벗겨 가늘게 채 썬 **무** 1/2개 분량
- 껍질을 벗겨 가늘게 채 썬 **당근** 1개 분량
- 가늘게 채 썬 **주키니 호박** 1개 분량 (작은 것)
- 가늘고 길게 썬 **훈제 닭 가슴살** 2쪽 분량
- 가늘게 채 썬 **말린 배** 1/2개 분량

[드레싱]

- 다진 **테라곤** 1큰술
- 다진 **민트** 1큰술
- 곱게 다진 **샬롯** 1개 분량
- 다진 **마늘** 1쪽 분량
- **레몬즙** 1큰술
- **화이트 와인 비니거** 2큰술
- **포도씨 오일** 3큰술
- **소금**, 갓 갈아놓은 **흑후추**

[차려낼 때]

- **민트 잎**
- **튀긴 파스타** 1줌(214쪽 참조)

이 샐러드는 1987년에 제인이 아버지로부터 선물 받은 텍사스 요리책에 있는 레시피를 기반으로 만든 것입니다. 만약 훈제 치킨을 구할 수 없다면 아예 빼버리는 것보다는 일반 치킨을 쓰는 게 나을 거예요.

1. 모든 채소와 가늘고 길게 썬 훈제 닭 가슴살, 배를 함께 버무린다.
2. 드레싱 재료를 모두 휘저어 섞고 샐러드에 뿌린 다음 버무려 접시 위에 푸짐하게 담는다.
3. 맨 위에 민트 잎과 튀긴 파스타를 얹어 마무리한다.

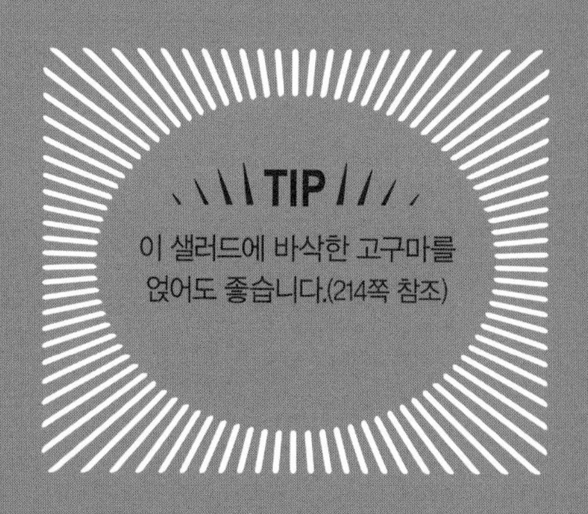

패드스토* 피크닉 샐러드 Padstow Picnic

준비 시간 20분

[재료] 4인분

- **훈제 고등어 리예트*** 150g
- **훈제 연어** 150g
- **딜 요거트** 100g(요리 팁 참조)
- **케이퍼** 1줌
- 구운 **비트** 200g(144쪽 참조)
- **루콜라** 150g
- **바삭한 빵**(또는 피타 브레드) 8개

[레온 슬로]

- **양배추** 100g
- **적양배추** 100g
- **사보이 양배추** 100g
- 다진 **민트** 1/2큰술
- 다진 **이탈리아 파슬리** 1/2큰술
- 익힌 **완두콩** 100g
- **참깨 슬로 드레싱** 100ml(219쪽 참조)

✓ 패드스토(Padstow) : 영국 콘월의 작은 항구가 있는 마을.

✓ 훈제 고등어 리예트(smoked mackerel rillettes) : 훈제 고등어를 작은 크기로 찢어서 레몬즙과 크림 등을 넣어 스프레드 형태로 만든 것.

여러분이 영국의 패드스토에 갈 수 없다면 패드스토를 공원으로 가져오면 되죠. 이 샐러드는 우리가 가끔 레온에서 제공하는 음식과 아주 가까운, 사촌뻘쯤 됩니다. 영국의 여름에 바치는 헌사라고나 할까요?

1. 레온 슬로를 만든다. 양배추를 가늘게 채 썰어 다진 민트, 파슬리와 함께 넓은 볼에 담고 완두콩과 참깨 슬로 드레싱을 넣어 잘 섞는다.
2. 드레싱에 버무린 레온 슬로를 담아 가운데에 놓고 모든 재료를 제각각 빙 둘러 담는다. 연어와 딜 요거트, 케이퍼는 섞지 말고 따로 곁들인다.

TIP

딜 요거트를 만들려면 다진 딜을
그릭 요거트에 넣어 섞은 다음 레몬즙으로
상큼한 맛을 내고 간을 하면 됩니다.

아스파라거스, 마프톨 & 오렌지 샐러드

Asparagus, Maftoul & Orange

준비 시간 20분 • **조리 시간** 5분

[**재료**] **4인분**

- **아스파라거스** 2묶음
- **올리브 오일** 2큰술
- **오렌지** 2개
- **발사믹 비니거** 1작은술
- **적양파 절임** 2큰술(218쪽 참조)
- 익힌 **마프톨*** 150g
- 얇게 저민 **펜넬** 1개
- 씨를 빼고 적당히 썬 **그린 올리브** 큰 것 10개 분량
- 다진 **딜** 2큰술
- 슬라이스한 **래디시** 4개 분량
- **소금**, 갓 갈아놓은 **흑후추**

✓ 마프톨(maftoul) : 레바논, 시리아, 팔레스타인 등지에서 쿠스쿠스나 이를 이용한 요리를 일컫는 말. 쿠스쿠스보다 알갱이가 약간 큰 편이며 찐 마프톨을 국물 요리에 넣어서 먹기도 한다. 모그라비에(moghravieh)라고도 한다.

팔레스타인의 쿠스쿠스인 마프톨은 친하게 지내야 할 아주 좋은 식재료입니다. 파스타처럼 끓이거나 쿠스쿠스처럼 끓는 물에 담가 불려 사용하죠. 흔히 접할 수 있는 유사한 식품들(쿠스쿠스 같은)보다는 구하기 어렵지만 구하려고 노력할 만한 가치가 충분한 식재료예요.

1. 아스파라거스의 딱딱한 밑동을 잘라내어 다듬고 올리브 오일에 버무린 다음 달군 그리들 팬이나 직화 그릴에 올려 굽는다(201쪽 참조). 맛있게 간을 하고 3cm 길이로 잘라 한쪽에 둔다.
2. 볼에 오렌지 껍질을 곱게 갈아 담는다. 껍질을 벗긴 오렌지는 과육의 흰 막을 기준으로 한 쪽씩 분리해놓고 (흰 막에 붙어) 남은 오렌지 과육을 갈아놓은 껍질을 담은 볼에 넣어 으깬다. 나머지 분량의 올리브 오일과 발사믹 비니거를 오렌지즙과 함께 휘저어 섞는다. 소금과 흑후추로 간을 한다.
3. 적양파 절임을 마프톨, 펜넬과 섞어 접시에 담고 그 위에 아스파라거스를 올린다. 올리브, 딜, 오렌지 조각과 래디시를 흩뿌려 올린다. 오렌지 드레싱을 뿌려 마무리한다.

엘더 플라워를 곁들인 딸기, 멜론 & 치킨 샐러드
Strawberry, Melon & Chicken Salad with Elderflower

준비 시간 30분

[재료] 4인분

- 익힌 **닭 가슴살** 2~3쪽
- **캔터루프 멜론** 1개
- **아보카도** 1개
- **딸기** 150g
- **미니 로메인** 2개
- 부순 **핑크 페퍼콘** 2작은술
- 다진 **차이브** 1큰술

[드레싱]

- 질 좋은 **화이트 와인 비니거** 1큰술
- **엘더 플라워 코디얼**(음료) 1작은술
- 다진 **타라곤** 1작은술
- **포도씨 오일** 80ml(5큰술)
- **싱글 크림**(유지방 함량이 20% 안팎인 크림) 50ml
- **소금**, 갓 갈아놓은 **흑후추**

✓ 엘더 플라워(elderflowe) : 딱총나무 꽃. 주로 술을 담그거나 음료, 시럽을 만들 때 사용된다. 꽃잎은 요리에 장식으로 얹거나 액을 추출해 아이스크림을 만들기도 한다.

이 샐러드는 우리가 정말 좋아하는 샐러드 중 하나예요. 엘더 플라워* 드레싱은 충격적일 거예요. 아주 좋은 의미로 말이죠.

1. 드레싱을 만든다. 모든 드레싱 재료를 믹서나 핸드 블렌더로 갈아 유화시킨다.
2. 닭 가슴살, 멜론, 아보카도는 작게 깍둑썰기 하고 딸기는 반으로 잘라 볼에 담는다. (딸기 몇 개는 가니시용으로 따로 남겨둔다.) 여기에 드레싱을 넣어 골고루 버무리고 간을 한다.
3. 넓은 접시에 미니 로메인 잎들을 깔고 닭고기와 과일 샐러드 믹스를 위에 얹는다. 핑크 페퍼콘, 차이브와 남겨둔 딸기를 흩뿌려서 마무리한다.

TIP

재료를 미리 준비할 경우엔 레몬즙이나 라임즙을 넣으면 과일의 갈변을 막을 수 있습니다.

구운 채소 샐러드 Grilled Greens

준비 시간 20분 • **조리 시간** 5분

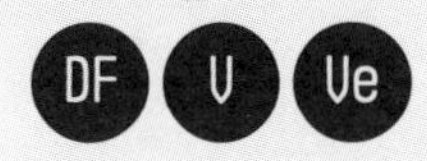

[재료] 4인분

- 봉오리 부분은 작은 송이로 자르고 줄기는 껍질을 벗겨 막대 썰기 한 **브로콜리** 400g
- **올리브 오일** 1큰술
- 손질한 **그린빈스** 200g
- 손질해 자른 **깍지 강낭콩** 200g
- **완두콩** 200g
- 채 썬 **오렌지색 파프리카** 1개 분량
- 송송 썬 **쪽파** 1뿌리 분량
- 다진 **홍고추** 1~2개 분량
- 다진 **마늘** 1쪽 분량
- 다진 **고수** 2큰술
- 채 썬 **바질 잎** 2단 분량
- **간장** 1작은술
- **라임즙** 라임 1/2개 분량
- **소금**, 갓 갈아놓은 **흑후추**

직화 그릴이나 그리들 팬은 채소를 굽는 데 매우 유용한 도구입니다. 브로콜리를 빨리 익히기에 매우 효과적이죠. 살짝 그슬리게 구우면 아주 맛있어요. 이런 도구들이 없다면 브로콜리를 데친 다음 뜨겁게 달군 그리들 팬에 구워주면 같은 효과를 얻을 수 있습니다. 그린빈스와 깍지콩도 생으로 직화 그릴에 바로 구울 수 있어요.

1. 브로콜리를 올리브 오일에 버무려 간을 한 다음 직화 그릴에서 부드러워질 때까지 3분 정도 굽는다. 그린빈스, 깍지 강낭콩, 완두콩은 익을 때까지 데쳐서 물기를 잘 빼둔다.
2. 녹색 채소들과 채 썬 파프리카를 볼에 담고, 나머지 재료들도 담는다. 구운 채소들은 열기가 남아 있을 때 볼에 넣고 다른 재료와 섞는다. 버무려서 간을 하고 홍고추나 라임즙을 더해 맛을 낸다.

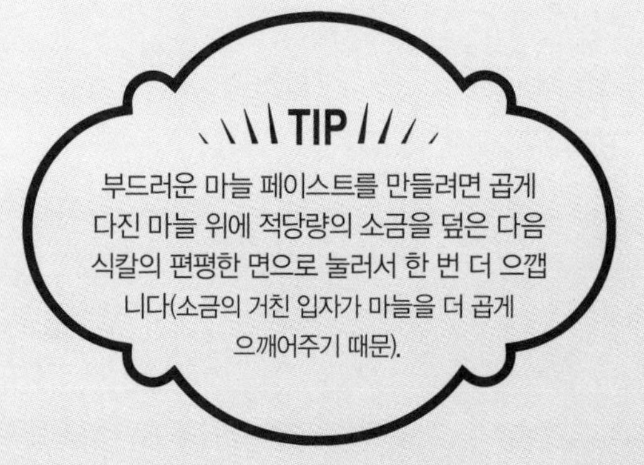

소시지 디탈리니 샐러드 Sausage Ditalini

준비 시간 20분 • **조리 시간** 20분

[재료] 4인분

- 익힌 **소시지** 300g
- 삶은 **디탈리니** 200g
- **리크** 4개
- **올리브 오일** 1큰술
- **레몬식 허니 머스터드 드레싱** 3~4큰술 (218쪽 참조)
- 작은 송이로 잘라 구운 **콜리플라워** 1/2개 분량 (96쪽 참조)
- 씨를 빼고 얇게 채 썬 **사과** 1개 분량
- **소금**, 갓 갈아놓은 **흑후추**

[차려낼 때]

- 버터로 바삭하게 튀긴 **세이지 잎** 20장
- **이탈리아 파슬리**

✓ 디탈리니(ditalini) : 가운데에 구멍이 나 있는 작은 파스타로 마치 부카티니(구멍이 있는 롱 파스타)를 잘게 썰어놓은 것 같은 모양이다. 미니 마카로니라고도 불리며 주로 수프나 샐러드에 사용한다.

디탈리니*는 작고 귀여운 데다가 손가락에 쏙 끼울 수 있어 디탈리니라고 불립니다. 이 요리는 번역하면 '손가락 (같은) 소시지'이지만 포크로 먹지요.

1. 소시지를 1cm 두께로 어슷하게 썬다. 삶은 디탈리니와 함께 볼에 담는다.
2. 리크를 길이대로 반으로 자른 후 소금을 넣은 끓는 물에 2분 정도 데쳐 살짝 익힌다. 건져내어 물기를 잘 빼고 올리브 오일로 버무린다. 그리들 팬을 달궈 반으로 자른 리크를 뒤집어가며 한 면에 1분 정도씩 살짝 그슬릴 때까지 굽는다. 1~2cm 두께로 어슷썰기 하고 디탈리니와 소시지를 담은 볼에 넣는다.
3. 볼에 허니 머스터드 드레싱을 넣어 함께 버무린 다음 간을 하여 파스타를 완성한다. 접시에 파스타, 구운 콜리플라워, 사과를 함께 담고 세이지 잎과 파슬리 잎을 얹어 마무리한다.

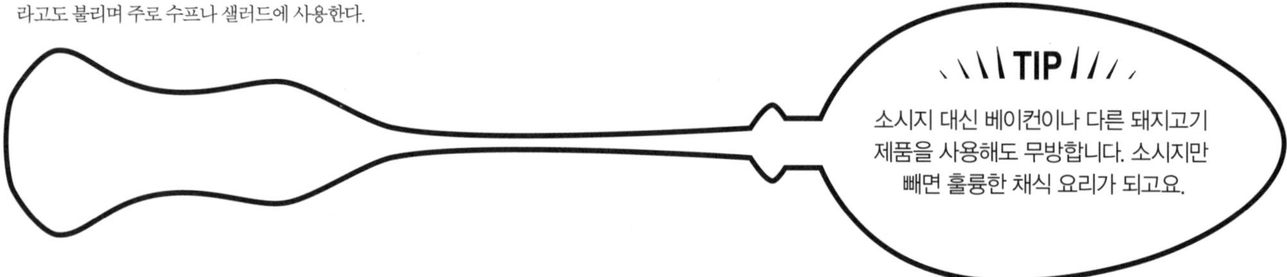

TIP

소시지 대신 베이컨이나 다른 돼지고기 제품을 사용해도 무방합니다. 소시지만 빼면 훌륭한 채식 요리가 되고요.

콩 & 베이컨 샐러드 Bean & Bacon

준비 시간 30분 • **조리 시간** 10분

[재료] 4인분

- **베이컨** 8줄
- **올리브 오일** 1큰술
- **레드 와인 비니거** 2큰술
- **홀그레인 머스터드** 1작은술
- 다진 **차이브** 1큰술, 차려낼 때 쓸 별도 분량
- **올리브 오일** 2큰술
- **메이플 시럽** 1작은술
- 다듬어서 길게 반으로 가른 **그린빈스** 200g
- 다듬어서 길게 반으로 가른 **슈거 스냅** 200g
- 익힌 **까치콩**(또는 **흰강낭콩**) 250g
- **로메인 상추** 1포기
- 곱게 간 **파르메산 치즈** 2큰술
- **소금**

[드레싱]

- **마요네즈** 2큰술
- **사워크림** 2큰술
- **레몬즙** 1큰술
- 곱게 다진 **타라곤** 2작은술
- **디종 머스터드** 1작은술
- **소금**, 갓 갈아놓은 **흑후추**

아삭한 로메인과 크림 같은 디종 드레싱 그리고 식감의 대비를 이루는 콩이 어우러진 샐러드입니다. 베이컨은 모든 음식을 더 맛있게 만들어주죠(특히 아질산염 무첨가 베이컨을 구입한다면요).

1. 드레싱 재료를 모두 휘저어 섞어 크림처럼 부드러운 디종 드레싱을 만든다.
2. 베이컨을 2cm 정도 크기로 자른다. 넓은 팬에 올리브 오일을 두르고 베이컨이 노릇하고 바삭하게 익을 때까지 굽는다. 타공 스푼으로 건져 키친타월에 올려 기름을 제거한다.
3. (팬에 남은) 베이컨 기름 1큰술과 이어지는 다섯 가지 재료를 1에 넣은 다음 잘 섞는다.
4. 소금을 넣은 끓는 물에 그린빈스와 슈거 스냅을 연해질 때까지 데친다. 건져서 물기를 빼고 열기가 남아 있을 때 까치콩과 함께 드레싱이 있는 볼에 넣고 함께 버무린다.
5. 로메인 상추를 4등분하여 접시에 예쁘게 담고 디종 드레싱을 뿌린다. 파르메산 치즈와 따로 남겨놓은 차이브도 흩뿌린다. 드레싱에 버무린 콩을 접시에 쌓고 맨 위에 베이컨을 올린다.

파에야 델리 샐러드 Paella Deli Salad

준비 시간 30분(쌀을 물에 불리는 시간 추가) • **조리 시간** 20분

 DF : 유제품이 포함되지 않은 초리조 사용 시

[재료] 4인분

- **사프란** 1자밤
- **장립종 쌀** 250g
- **올리브 오일** 1큰술
- 곱게 다진 **양파** 1개 분량
- **훈제 파프리카 가루** 1작은술
- **글루텐 프리 치킨 스톡** 350ml
- 얇게 썬 **염장 초리조 살라미** 100g
- 얇게 썬 **아티초크 속대** 100g
- 익힌 **새우** 200g
- 익힌 **완두콩** 200g
- 익힌 **그린빈스** 150g
- 길게 채 썬 **피퀴요 고추** 100g
- 얇게 썬 **오렌지** 1개 분량
- 다진 **이탈리아 파슬리** 2큰술
- **소금**, 갓 갈아놓은 **흑후추**

[드레싱]

- **스위트 파프리카** 1작은술
- 강판에 간 **오렌지 껍질** 1개 분량
- 다진 **마늘** 1쪽 분량
- **레드 와인 비니거** 1큰술
- **올리브 오일** 3큰술

[차려낼 때]

- **이탈리아 파슬리 잎**

스페인의 맛이 당신의 저녁 식탁에~. 아마도 이 샐러드는 이 책에서 레시피가 가장 긴 요리 중 하나일 거예요. 하지만 일단 쌀만 익히면 아주 기초적으로 재료를 조합하는 일만 남죠. 여기 제시된 재료들은 예시일 뿐입니다. 익힌 오징어 링, 홍합, 생선 또는 병아리콩과 다른 채소들로 대체해도 상관없습니다.

1. 아주 뜨거운 물 50ml 정도에 사프란을 담가 우린다.
2. 찬물로 쌀을 씻은 다음 물을 적당히 부어 뚜껑을 덮고 약 30분간 불린다. 30분이 지나면 물을 따라 버린다.
3. 넓은 팬에 올리브 오일을 두르고 달군 다음 다진 양파를 5분 정도 볶는다. 물기를 제거한 불린 쌀과 훈제 파프리카 가루를 넣고 간을 한 다음 쌀알에 오일이 골고루 입혀지도록 1분 정도 볶는다. 사프란을 우린 물과 치킨 스톡을 넣고 뭉근하게 끓인 다음 뚜껑을 덮고 15분 정도 익힌다. 5분 정도 뜸을 들인 다음 포크로 밥을 저어 포슬포슬하게 만든다. 팬에서 덜어내 식힌다.
4. 밥을 하는 동안 드레싱 재료를 모두 휘저어 섞고 맛있게 간을 한다. 파에야용 나머지 재료를 모두 준비한다.
5. 넓은 접시에 준비된 재료들을 층층이 담아가며 취향대로 간을 하면 된다. 접시에 밥을 펼쳐 담고 나머지 재료들을 얹는다. 얇게 썬 오렌지를 넣고 파슬리 잎으로 마무리한 다음 드레싱을 뿌린다.

TIP

흑미를 익혀 만들어도
엄청난 맛이 날 겁니다.

아스파라거스, 프로슈토 & 에그 샐러드
Asparagus, Prosciutto & Egg

준비 시간 20분 • **조리 시간** 15분

[재료] 4인분

- 뾰족한 끝단을 살려 손질한 **아스파라거스** 300g
- **올리브 오일** 3큰술
- **타임 잎** 1줄기 분량
- **프로슈토 슬라이스** 8장
- **미니 로메인** 3포기
- **발사믹 비니거** 3작은술
- 완숙으로 **삶은 달걀** 3개
- **파르메산 크리스피** 30g(215쪽 참조)
- 다진 **차이브** 2큰술
- **소금**, 갓 갈아놓은 **흑후추**

잘게 조각 낸 삶은 달걀과 파르메산 크리스피는 맛의 혁명입니다.

1. 오븐을 200℃로 예열한다.
2. 아스파라거스에 올리브 오일 1큰술을 넣고 버무린다. 맛있게 간을 한 다음 베이킹 트레이에 놓고 타임 잎을 뿌린 뒤 오븐에 넣어 아스파라거스가 알맞게 익을 때까지 5~8분 정도 굽는다. 오븐에서 꺼내어 식힌다.
3. 프로슈토 슬라이스를 유산지에 올려 오븐에서 5분 정도 굽는다. 프로슈토 슬라이스가 수축하면서 바삭해질 때까지 굽는다.
4. 미니 로메인을 웨지 모양으로 자른다. 발사믹 비니거와 남은 분량의 올리브 오일을 넓은 볼에 넣어 섞은 후 간을 한다. 그리들 팬을 달구어 미니 로메인이 살짝 그슬리고 숨이 죽을 때까지 굽는다. 열기가 남아 있을 때 드레싱에 넣어 버무린다.
5. 커다란 접시에 미니 로메인을 담는다. 그 위에 구운 아스파라거스와 프로슈토를 올린다. 그 위에 삶은 달걀을 갈아 뿌리고 파르메산 크리스피와 차이브를 올려 마무리한다.

코삼바리 샐러드 Kosambari

준비 시간 15분(녹두를 물에 불리는 시간 추가) • **조리 시간** 5분

[재료] 4인분

- 하룻밤 동안 물에 푹 담가 불린 **녹두** 4큰술
- 가늘게 채 썬 **당근** 3개 분량
- 껍질과 씨를 제거한 후 잘게 썬 **오이** 1개 분량
- 가늘게 채 썬 **그린 망고** 1개 분량
- **코코넛 오일** 1큰술
- **겨자씨** 2작은술
- **아사푀티다*** 1자밤
- **커리 잎** 10장
- **큐민 가루** 1작은술
- **레몬즙** 레몬 1/2개 분량
- 잘게 썬 **풋고추** 2개 분량
- **고수** 잎
- **소금**, 갓 갈아놓은 **흑후추**

✓ 아사푀티다(asafoetids) : 미나리과 식물인 아위의 뿌리줄기에서 채취한 수액을 굳힌 것으로 유황 냄새를 포함한 악취가 특징인 향신료. 아위 또는 인도 회향풀로도 불린다.

코삼바리는 남인도의 콩 샐러드인데, 명절 요리로 차려내곤 했습니다. 마치 할머니의 품처럼 편안한 기분이 들게 하는 샐러드입니다.

1. 불린 녹두를 체에 밭쳐 물기를 뺀다.
2. 넓은 팬에 코코넛 오일을 둘러 달군 후 겨자씨, 아위, 커리 잎과 큐민 가루를 넣고 겨자씨가 톡톡 튀어 오르기 시작할 때까지 계속 저으면서 볶는다. 물기를 뺀 녹두를 넣고 3분 정도 저어가며 볶는다. 넓은 볼에 옮겨 담아 식힌다.
3. 위의 볼에 당근, 망고, 오이를 넣고 나머지 재료들과 섞은 다음 간을 한다.

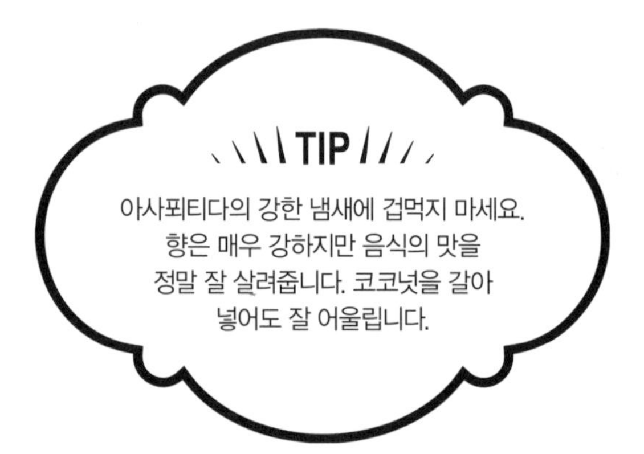

베이컨, 케일, 토마토 샐러드 BKT

준비 시간 20분 • **조리 시간** 45분

[재료] 4인분

- 반으로 자른 **방울토마토** 250g
- **올리브 오일** 3큰술
- 으깬 **마늘** 1쪽 분량
- **오레가노** 2큰술
- 줄기를 제거하고 채 썬 **케일** 200g
- 구워서 썬 **훈제 베이컨** 200g
- 다진 **아보카도** 1개 분량
- **크루통** 150g(214쪽 참조)
- **랜치 드레싱** 3큰술(216쪽 참조)
- 다진 **차이브** 1큰술
- **소금**, 갓 갈아놓은 **흑후추**

이 요리는 BLT*에 대한 제인의 재해석입니다. 온고지신이라 할 만하죠.

1. 오븐을 120℃로 예열한다.
2. 반으로 자른 방울토마토를 껍질이 아래로 향하게 해서 베이킹 트레이에 담는다. 올리브 오일에 으깬 마늘과 절구에 빻은 오레가노를 넣어 섞는다. 이 오일을 토마토에 뿌리고 간을 한다.
3. 2를 오븐에 넣어 45분 동안 구운 후 토마토를 꺼내 한쪽에 둔다. 트레이에 고인 오일과 토마토즙은 넓은 볼에 따라둔다.
4. 채 썬 케일을 토마토즙과 오일을 따라둔 볼에 넣고 버무려서 골고루 묻힌다. 맛있게 간을 한 다음 훈제 베이컨, 아보카도, 크루통과 구운 토마토를 넣는다.
5. 접시에 옮겨 담고 랜치 드레싱을 듬뿍 뿌린 다음 차이브를 흩뿌려 마무리한다.

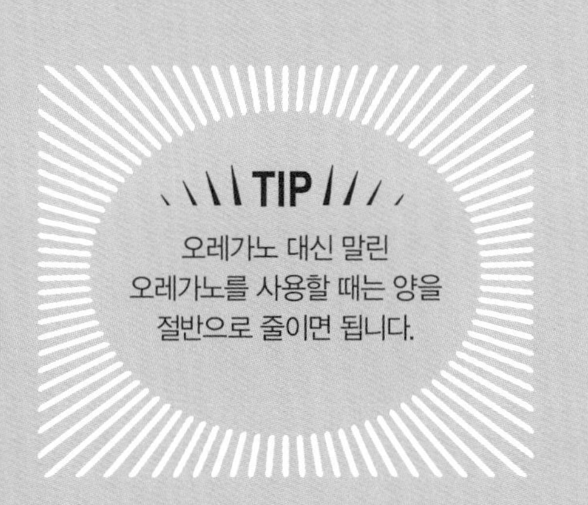

✓ BLT: 샌드위치의 일종으로 들어가는 재료(베이컨 - Bacon, 양상추 - Lettuce, 토마토 - Tomato)의 첫 글자를 딴 것이다.

바삭한 식감을 주는 음식들 Crunchy Things

아무리 간단한 샐러드라도 그 식감을 높여 풍성하고 맛있게 만들어주는, 소소하지만 아주 멋진 부가 재료들을 소개합니다.

사워도우 크루통

작게 조각낸 사워도우나 단단한 조직의 빵을 약간의 올리브 오일과 버무려 180℃로 예열한 오븐에 15분 정도 노릇노릇해질 때까지 굽는다. 마늘을 넣어 향을 낸 오일을 사용해도 아주 좋다. 빵을 구울 때 통마늘을 함께 구우으면 으깨어 드레싱에 넣을 수 있을 정도의 부드러운 상태가 된다.

이칸 빌리스(말레이시아 생선 젓)

아시아에서 사용되는 멸치 같은 작은 생선을 말린 것이다. 기름 없이 프라이팬에 그냥 볶거나 살짝 기름을 둘러 바삭해질 때까지 볶아 사용한다. 볶은 땅콩과 잘 어울리며 아시아 샐러드에 잘 어울리는 멋진 토핑이다.

구운 견과류

샐러드에 사용하는 견과류는 어떤 종류든 굽거나 볶아서 사용하는 것이 가장 좋다. 예열한 오븐에 5분 정도 구우면 풍미가 더 좋아진다. 특히 소금과 향신료를 뿌려서 구우면 더 좋다.

팬그라타타(빵가루)

기본적으로는 튀긴 빵의 부스러기다. 허브와 마늘로 풍미를 낸 올리브 오일에 튀기면 가장 좋다.

빵 가장자리를 잘라낸 묵은 빵을 푸드 프로세서에 갈아 빵가루를 만든다. 올리브 오일에 마늘 몇 쪽과 타임 줄기를 넣고 마늘이 노릇노릇해질 때까지 가열한다. 마늘과 타임을 타공 스푼으로 건져내고 남은 오일을 사용해 빵가루가 노릇노릇 바삭해질 때까지 튀긴다. 기름을 잘 뺀 후 간을 한다. 남은 올리브 오일은 요리할 때 사용할 수 있다.

폴렌타 크루통

이미 익힌(또는 만들어놓은) 폴렌타를 1~2cm 크기로 잘라 올리브 오일에 버무린 다음 망으로 된 트레이에 올려 200℃로 예열한 오븐에 20~30분 정도 갈색으로 바삭해질 때까지 굽는다.

다른 방법으로는 기름을 얕게 부어 튀길 수도 있다. 이 경우에는 폴렌타를 튀기기 전에 밀가루 옷을 살짝 입혀 털어낸 후 튀기는 것이 가장 좋다.

파스타 튀김

특히나 재미있는 모양과 다양한 크기 덕분에 요리에 두루 쓸 수 있다. 시판 파스타나 달걀을 넣고 반죽한 생파스타 등 종류와 상관없이 남은 파스타를 가장 잘 활용할 수 있는 방법이다.

유채씨 오일이나 해바라기씨 오일을 냄비에 충분히 붓고 튀기거나 얕은 깊이에서 노릇하고 바삭해질 때까지 튀긴 다음 키친타월로 기름을 뺀다.

고구마 크리스피

- 껍질을 벗긴 **고구마** 1개
- **올리브 오일** 2큰술
- **소금**, 갓 갈아놓은 **흑후추**

1. 오븐을 180℃로 예열한다.
2. 필러나 회전식 채칼을 사용해 고구마를 가늘고 길게 깎는다. 올리브 오일에 버무려 소금과 흑후추로 간을 한다.
3. 간을 한 고구마를 베이킹 트레이에 올리고 오븐에서 20분 정도 굽는다. 골고루 바삭하고 노릇하게 구워지도록 한 번씩 뒤섞는다.
4. 오븐에서 꺼내 키친타월로 기름을 제거하고 간을 한다.

레온식 볶은 씨앗

- **해바라기씨** 50%
- **아마씨** 25%
- **참깨** 25%

1. 각각의 씨앗을 중간 불에서 기름을 두르지 않은 팬에 2~3분 정도 노릇해질 때까지 볶는다.
2. 이들을 섞기만 하면 아주 훌륭한 고명 재료가 탄생한다.

구운 병아리콩

- 통조림에 든 **병아리콩** 400g×2통(또는 익힌 병아리콩 500g)
- **카이엔 페퍼** 1자밤
- **큐민 가루** 1자밤
- **올리브 오일** 2큰술
- **소금**, 갓 갈아놓은 **흑후추**

1. 오븐을 200℃로 예열한다.
2. 병아리콩을 찬물에 잘 씻은 후 천이나 키친타월로 닦아 물기를 제거한다.
3. 병아리콩을 볼에 담고 향신료들과 올리브 오일을 넣어 버무린다. 베이킹 트레이에 유산지를 깔고 병아리콩을 올린 다음 오븐에서 30분 정도 굽는다. 콩이 골고루 구워질 수 있도록 매 10분마다 트레이를 흔든다.
5. 오븐을 끄고 10분 정도 그대로 둔다.

파르메산 크리스피

- 강판에 굵게 간 **파르메산 치즈** 25g
- 강판에 곱게 간 **파르메산 치즈** 25g

1. 오븐을 200℃로 예열한다.
2. 오븐 트레이에 유산지를 깔고 갈아놓은 파르메산 치즈 두 가지를 섞는다. 2~3cm 정도 크기의 덩어리 형태를 만들어 트레이에 올리고 각각의 사이에 4~5cm 간격을 둔 다음 오븐에서 5~6분 정도 굽는다.
3. 팔레트 나이프를 이용해 베이킹 트레이에서 덜어내고 식힘 망에 올려 식힌다. 갈라지거나 깨진 것도 샐러드에 뿌릴 수 있으니 걱정할 필요 없다.

구운 할루미

- **할루미 치즈** 250g
- **올리브 오일** 2큰술
- 질 좋은 **흑후춧가루**
- **소금** 1자밤

1. 오븐을 220℃로 예열한다.
2. 할루미 치즈를 0.5cm 정도로 아주 잘게 자르거나 얇게 썬 다음 잔 조각으로 자른다. 올리브 오일에 버무려 유산지를 깐 베이킹 트레이에 뿌리듯 골고루 펼쳐 올리고 간을 한다.
3. 오븐에 넣어 6~8분 정도 노릇한 색이 나고 바삭해질 때까지 굽는다.
4. 식혀서 사용한다.

드레싱 Dressings

대부분의 드레싱은 재료들을 볼에 넣고 휘저어 섞거나 밀폐 용기에 넣어 흔들어 섞어서 만들 수 있습니다.

레온식 프렌치 비네그레트

- 잘게 다진 **샬롯** 1개 분량
- **디종 머스터드** 1작은술
- **화이트 와인 비니거** 1큰술
- 다진 **마늘** 1/2쪽 분량
- **물** 2작은술
- **올리브 오일** 3큰술
- **메이플 시럽** 1작은술

허브 드레싱

- 다진 **마늘** 1쪽 분량
- **화이트 와인 비니거** 1큰술
- **메이플 시럽** 1작은술
- **올리브 오일** 3큰술
- **허브**(타라곤, 차이브, 처빌, 바질)를 다져 섞은 것 2큰술

중동식 드레싱

- **올리브 오일** 3큰술
- **석류 시럽** 1큰술
- **레몬즙** 1큰술
- **수막 가루** 1자밤
- 다진 **딜·민트** 섞은 것 1큰술

레온식 타마리* 참깨 드레싱

(글루텐 프리 타마리를 쓸 경우 WF, GF 가능)

- **해바라기씨 오일** 3큰술
- **라이스 비니거** 1큰술
- **레몬즙** 1작은술
- **꿀** 1작은술
- **타마리**(혹은 간장) 1큰술
- **참기름** 약간
- 다진 **마늘** 1/2쪽 분량
- **올리브 오일** 3큰술

✓ 타마리 : 탈지 대두의 함량이 높은 간장 혹은 대두 100% 간장. 글루텐 함량이 적거나 없음.

랜치 드레싱

- **마요네즈** 1큰술
- **버터 밀크** 1큰술
- **사워크림**(또는 플레인 요거트) 1½큰술
- **사이더 비니거** 1큰술
- **메이플 시럽** 1작은술
- **올리브 오일** 1큰술
- 다진 **차이브·파슬리·딜** 섞은 것 1큰술
- 다진 **마늘** 1/2쪽 분량
- **훈제 파프리카 가루** 1자밤 (선택 사항)
- **말린 머스터드 가루** 1자밤 (선택 사항)
- 맛내기용 **타바스코** (선택 사항)

고추냉이 간장 드레싱

- **고추냉이 페이스트** 2작은술
- **간장** 1큰술
- **라이스 비니거** 2큰술
- (풍미가 가벼운) **올리브 오일** 1큰술
- **소프트 브라운 슈거** 2작은술

바질 드레싱

- 다진 **마늘** 1/2쪽 분량
- **바질 잎** 1단
- **올리브 오일** 2큰술
- **소금**, 갓 갈아놓은 **흑후추**

푸드 프로세서에 갈거나 절구로 찧어서 만든다.

고수 칠리 라임 드레싱

- **올리브 오일** 3큰술
- **라임즙** 라임 1/2개 분량
- 다진 **홍고추** 1개 분량
- 다진 **마늘** 1쪽 분량
- 다진 **고수** 2큰술

LEON
CLUB

드레싱 Dressings

레온식 허니 머스터드

- **올리브 오일** 5큰술
- **사이더 비니거** 2큰술
- **꿀** 2작은술
- **그레인 머스터드** 2작은술
- **디종 머스터드** 1작은술

적양파 절임

- 가늘게 채 썰거나 다진 **적양파** 2개 분량
- **소프트 브라운 슈거** 2작은술
- 질 좋은 **레드 와인**(또는 발사믹 비니거) 1큰술
- **소금** 넉넉하게 1자밤

1. 양파를 브라운 슈거, 발사믹 비니거, 소금에 버무린다.
2. 뚜껑을 덮고 20분에서 몇 시간에 걸쳐 원하는 만큼 실온에서 절인다.

칠리 파슬리 갈릭 드레싱

- 다진 **마늘** 2쪽 분량
- 다진 **홍고추** 2개 분량
- 다진 **파슬리** 2큰술
- **레몬즙** 레몬 1/2개 분량
- **올리브 오일** 3큰술
- **소금**, 갓 갈아놓은 **흑후추**

블루치즈 드레싱

- **블루치즈** 부스러기 100g
- **사워크림** 50ml
- **버터 밀크** 50mm
- **레드 와인 비니거** 1큰술
- 다진 **마늘** 1/2쪽 분량
- **메이플 시럽** 1작은술

1. 블루치즈와 사워크림 그리고 버터밀크를 으깨어 섞는다. 나머지 재료들을 넣고 취향에 따라 간을 한다.
2. 물을 조금 넣어 원하는 농도로 조절한다. 드레싱이나 딥으로 활용한다.

마요네즈 드레싱

- **달걀** 1개
- **디종 머스터드** 1작은술
- **유채씨 오일** 100ml
- **올리브 오일** 100ml
- 맛내기용 **레몬즙**

1. 끓는 물에 달걀을 2분 정도 넣어둔다.
2. 바로 달걀을 깨서 익은 흰자까지 푸드 프로세서에 넣어 머스터드와 함께 간다. 원하는 농도가 될 때까지 천천히 조금씩 번갈아 가며 두 종류의 오일을 넣어 섞는다.
3. 레몬즙을 넣어 풍미의 균형을 맞춘다.

갈릭 마요네즈 드레싱

약간의 소금과 함께 마늘을 으깨어 부드러운 페이스트를 만든 후 마요네즈 3큰술과 잘 저어 섞는다.

머스터드 마요네즈 드레싱

잉글리시 디종 머스터드와 홀그레인 머스터드 각각 1작은술을 마요네즈 3큰술과 함께 잘 저어 섞는다.

체물라 드레싱

- **큐민 씨** 2작은술
- **고수 씨** 1작은술
- **펜넬 씨** 1작은술
- **레몬즙** 레몬 1/2개 분량
- **레드 와인 비니거** 1큰술
- 다진 **마늘** 1쪽 분량
- **시나몬 가루** 1자밤
- **훈제 파프리카 가루** 2작은술
- 곱게 다진 **샬롯** 1개 분량
- **소프트 브라운 슈거** 1작은술
- 다진 **홍고추** 1~2개 분량
- **올리브 오일** 3큰술
- **소금**, 갓 갈아놓은 **흑후추**

1. 큐민, 고수, 펜넬 씨를 기름 없는 팬에 넣고 향이 날 때까지 덖은 후 간다.
2. 나머지 재료를 넣어 섞는다. 이 상태를 마리네이드나 드레싱으로 사용한다.

이탤리언 드레싱

- **발사믹**(또는 레드 와인 비니거) 1큰술(또는 레몬 1/2개 분량의 즙)
- **올리브 오일** 3큰술

참깨 슬로 드레싱

- **해바라기씨 오일** 125ml
- **두유** 3½큰술
- **라임즙** 2큰술
- **디종 머스터드** 1작은술
- **타히니 페이스트** 1/2작은술
- **화이트 와인 비니거** 2큰술
- 물 1½큰술
- **소금**, 갓 갈아놓은 **흑후추**

1. 볼에 두유, 라임즙, 디종 머스터드와 타히니 페이스트를 넣고 섞는다.
2. 해바라기씨 오일을 천천히 조금씩 넣으면서 유화될 때까지 젓는다. 물을 넣어 농도를 조절하고 간을 한다.

호두 드레싱

- 다진 **마늘** 1쪽 분량
- **디종 머스터드** 1작은술
- (점도가) 묽은 **꿀** 1작은술
- **사이더 비니거** 2큰술
- **유채씨 오일**(또는 해바라기씨 오일) 50ml
- **호두 오일** 1큰술
- 구워서 부순 **호두** 2큰술

시저 드레싱

- **달걀** 1개
- 다진 **마늘** 1쪽 분량
- **디종 머스터드** 1작은술
- **앤초비 필렛** 5포
- **우스터셔 소스** 약간
- **타바스코** 약간
- **유채씨 오일** 100ml
- **올리브 오일** 100ml
- **화이트 와인 비니거** 1큰술
- 곱게 간 **파르메산 치즈** 2큰술
- 맛내기용 **레몬즙** 약간
- **소금**, 갓 갈아놓은 **흑후추**

1. 끓는 물에 달걀을 2분 정도 넣어둔다.
2. 푸드 프로세서에 1의 달걀을 깨서 넣고 마늘, 머스터드, 앤초비와 소스들을 넣어 30초 정도 간 다음 유채씨 오일과 올리브 오일을 천천히 조금씩 부으면서 저어 유화시킨다.
3. 화이트 와인 비니거, 파르메산 치즈와 함께 풍미를 더하기 위해 레몬즙을 넣어 섞는다. 맛있게 간을 한다.

레시피 명으로 찾아보기

재료 알아보기

BLT 샌드위치의 일종으로 들어가는 재료인 베이컨(Bacon), 양상추(Lettuce), 토마토(Tomato)의 첫 글자를 딴 것이다.

ㄱ – ㄷ

가람 마살라(garam masala) 인도에서 쓰이는 혼합 향신료로 매운 혼합물이라는 뜻. 조합에 따라 다양한 풍미를 낸다.

갈색 게(brown crab) 특정 게의 품종으로 집게 다리와 몸통에 살이 많고 약간의 털이 있으며 살아 있을 때 갈색이다. 게살을 발라 스프레드용 상품으로도 생산되고 있다. 구하기 힘들면 대게로 대체 가능하다. (게살 스프레드는 대게 살, 마요네즈, 칠리 소스를 섞어 만들 수 있다.)

고깔 양배추(hispi cabbage) 원뿔 모양의 양배추. 일반 양배추보다 더 달고 부드럽다. 일반 양배추를 대신 사용해도 괜찮다.

곰새우(brown shrimp) 매우 흔한 새우로 얕은 바다의 모래 진흙 속에서 산다. 한국을 비롯하여 세계 여러 나라에 분포한다. 비슷한 종에 자주새우가 있다.

굳은 빵(stale bread) 보통 빵이 일정 시간이 지나서 딱딱하게 굳어 그 상태로는 먹지 못할 단계에 이른 것을 두고 'stale bread'라 한다. 이런 빵들로 샐러드 같은 요리들을 만들면 드레싱을 흠뻑 빨아들인다. 이 빵을 다시 원상태로 되돌리려면 물에 적셔 예열된 오븐에 구우면 된다.

그레몰라타(gremolata) 이탈리아 요리에서 파슬리와 마늘, 레몬 껍질, 튀긴 빵가루, 허브 등을 넣고 만들어 두었다가 고기, 생선 요리를 막론한 여러 요리에 곁들여 먹는 일종의 갖은 양념. 지역에 따라 약간의 고추를 넣기도 한다.

그린빈스(green beans) 풋 강낭콩, 깍지콩, 프렌치 빈등으로도 불리며, 흔히 콩깍지째 먹는다.

두카(dukkah) 이집트 향신료로 구운 견과류와 씨앗을 섞어서 갈아놓은 것

디탈리니(ditalini) 가운데에 구멍이 나 있는 모양의 작은 파스타이다. 미니 마카로니라고도 불리며 주로 수프나 샐러드에 사용한다.

ㄹ – ㅂ

라디키오(radicchio) 치커리의 일종으로 잎은 자색이며, 양상추와 같은 구조로 속이 차 있고 진홍색 잎에 하얀 결이 전체적으로 그물처럼 싸고 있다. 쌉쌀하고 독특한 맛이 일품이다.

라브네(labneh) 르시아 밀크라고도 불리는 요거트의 일종으로 치즈를 만드는 방법과 비슷해서 발라 먹는 치즈라고도 한다. 소젖, 염소젖, 양젖으로도 만들어지며 특유의 식감과 활용도로 인해 간을 한 일상식과 달콤한 디저트 모두에 사용된다.

렌틸 콩(lentil) 중동 요리에 자주 쓰는 껍질이 얇고 단맛이 강한 렌즈 모양의 콩. 렌즈 콩이라고도 한다.

로마네스코(romanesco) 일반 브로콜리와 달리 꽃봉오리가 여러 개의 원뿔형으로 생긴 브로콜리.

롤몹스(rollmop) 피클에 청어 저민 것을 말아 놓은 것.

리코타 살라타(ricotta salata) 염장해서 물기를 짜낸 다음 숙성과 건조 과정을 거친 리코타 치즈. 이 과정에서 질감이 단단해지므로 경성 리코타(hard ricotta)라고 하며 파스타의 토핑으로 많이 쓴다.

리크(leek) 파의 일종. 통째로 조리하거나, 다져서 샐러드나 수프에 넣거나 각종 음식에 이용한다.

리틀 젬 양상추(little gem lettuce) 일반 양상추보다 크기가 작고 더 아삭한 식감이 난다. 우리나라에서는 미니 로메인이라고 부른다.

마조람(marjoram) 약한 박하 맛이 나는 지중해 원산지의 허브. 오레가노와 비슷한 맛이 난다.

마타리 상추(lamb's lettuce) 옥수수 밭에서 잘 자라기 때문에 콘 샐러드라고도 하며 허브에 가까운 채소.

마프툴(maftoul) 레바논, 시리아, 팔레스타인 등지에서 쿠스쿠스나 이를 이용한 요리를 일컫는 말. 쿠스쿠스보다 알갱이가 약간 큰 편이며 찐 마프툴을 국물 요리에 넣어서 먹기도 한다. 모그라비에(moghravieh)라고도 한다.

모스타르다(mostarda) 당 절임한 과일과 겨자로 풍미를 낸 시럽 형태의 이탈리아산 양념.

버터넛 스쿼시(butternut squash) 땅콩을 닮아 땅콩호박이라고도 하며 버터와 견과류의 맛이 함께 난다.

보를로티 콩(borlotti beans) 이탈리아 전역에 걸쳐 분포하는 두꺼운 껍질을 가진 콩. 우리나라의 밤콩과 유사하다.

보타르가(bottarga) 숭어알을 소금에 절인 후 건조한 것, 어란과 흡사하며 주로 갈아서 고명으로 사용한다.

불구르(bulgur) 듀럼밀 등 몇 가지 밀을 데치거나 쪄서 빻은 것.

ㅅ — ㅇ

사보이 양배추(savoy cabbage) 잎에 격자무늬의 조직이 있는 양배추로 일반 양배추보다 더 부드럽고 봉오리가 퍼져 있는 모양이다. 조직이 연해서 주로 속을 채우거나 말아서 요리에 사용한다.

사우어크라우트(sauerkraut) 잘게 썬 양배추를 발효시켜 만든 시큼한 맛이 나는 독일식 양배추 절임이다.

사이더 비니거(cider vinegar) 사과 음료 발효 식초로 일반 사과 식초와는 다르다.

살피콘(salpicon) 채소, 고기, 해산물 등을 작은 주사위 모양으로 썰어 드레싱이나 소스에 묻혀낸 상태, 혹은 그 모양을 일컫는 용어.

샘파이어(samphire) 유럽의 해안 바위 위에서 자라는 미나리과 식물. 우리나라에서는 '함초'라고 부르며 주로 갯벌에서 자란다.

생선 필렛 생선의 내장과 머리를 제거하고 뼈를 발라낸 상태에서 살만 포를 뜬 것.

샬롯(shallot) 작은 양파의 일종으로 양파와 마늘의 중간 정도 되는 맛이 난다.

세그먼트(segment) 주로 오렌지 같은 시트러스 류를 원형 그대로 껍질을 벗기고 하얀 막으로 나누어진 결대로 과육만 잘라낸 것을 말한다.

셀러리악(celeriac) 뿌리 셀러리. 줄기 밑동만 먹는데 주로 얇게 썰어 먹거나 익혀서 퓌레로 만든다.

소프트 브라운 슈거(soft brown sugar) 백설탕에 당밀 시럽과 당귀 향을 첨가한 설탕의 상품명. 디저트가 아닌 일상식에 단맛과 감칠맛을 동시에 부여함.

스프링 그린(spring greens) 케일 잎과 비슷하게 생긴 짙은 색 잎을 가진 양배추의 일종. 구하기 힘들면 봄동으로 대체해도 된다.

아사푀티다(asafoetids) 미나리과 식물인 아위의 뿌리줄기에서 채취한 수액을 굳힌 것으로 유황 냄새를 포함한 악취가 특징인 향신료. 아위 또는 인도 회향풀로도 불린다.

아이스버그 레터스(Iceberg Lettuce) 양상추의 일종으로 가장 순한 맛을 낸다. 우리나라에서 가장 일반적으로 쓰이는 양상추이다.

아티초크(artichoke) 이국적인 향이 나는 구근채소. 엄청나게 많은 겉껍질을 까고 나면 아주 자그마한 속대가 나오는데 그 한가운데의 섬유질을 제거하고 생으로 먹거나 쪄서 먹는다. 구하기 힘들면 통조림 제품을 사용해도 된다.

앤다이브(endive) 꽃상추의 일종. 벨기에의 대표적인 샐러드 채소이며, 형태는 타원형으로 끝이 뾰족하며 순백색이다.

에다마메(edamame) 덜여문 대두라 우리 나라에서는 대두 풋콩이라고 부르며 반찬이나 샐러드 재료로 널리 사용된다.

엘더 플라워(elderflowe) 딱총나무 꽃. 주로 술을 담그거나 음료, 시럽을 만들 때 사용된다. 꽃잎은 요리에 장식으로 얹거나 액을 추출해 아이스크림을 만들기도 한다.

오르초(orzo) 쌀 또는 씨앗과 닮은 작은 모양의 파스타.

오향 가루 전통 중국 요리에 쓰이는 다섯 가지의 향신료 가루.

이칸 빌리스(ikan bilis) 멸치를 소금에 절인 동남아 음식. 앤초비와 비슷하다.

이탈리아 피슬리(Italian parsley) 파슬리의 한 종류로 잎이 넓고 납작한 모양이며 이탈리아 요리에 주로 쓰인다.

ㅈ — ㅋ

자타르(za'atar) 백리향과 오레가노 풍미가 나는 허브.

점질 감자 전분 함량이 적고 단백질이 많아 부드럽고 촉촉한 감자. 우리나라에서 흔한 수미 감자도 점질 감자의 한 종류이다.

차이브(chive) 유럽, 미국, 러시아, 일본 등이 산지인 부추과의 식물로 톡 쏘는 양파 향이 난다.

처빌(chervil) 파슬리와 비슷한 허브의 일종. 밝은 녹색의 얇은 잎은 감미로운 향을 낸다.

체물라(chermoula) 중동 지역에서 여러 요리에 다용도로 쓰이는 일종의 양념. 특히 생선, 고기 요리에 풍미를 더하는 용도로 사용된다.

초리조(chorizo) 매운 양념을 한 후 건조 숙성시킨 소시지.

치폴레 소스(chipotle sauce) 멕시코 전통 요리에 주로 사용되는 소스로 할라피뇨 고추를 훈연 건조해서 만든다.

카다멈(cardamom) 서남 아시아산 생강과 식물 씨앗을 말린 향신료.

카이엔 페퍼(cayenne pepper) 남미, 아프리카산의 색이 곱고 매운 고춧가루.

캐러웨이(caraway) 레몬 향이 나는 2년초. 씨앗은 그대로 사용하거나 살짝 부수어 쓰기도 하는데 주로 단맛을 내기 위해 사용한다.

캔탈롭 멜론(canteloupe melon) 껍질은 녹색에, 과육은 오렌지색인 멜론.

케이퍼(small caper) 지중해산 관목 꽃봉오리를 식초에 절인 향신료.

케첩 마니스(kecap manis) 인도네시아의 전통 소스. 콩과 밀을 발효시켜 만든 달콤하고 걸쭉한 검은색의 액상 형태다. 온라인 마켓에서 쉽게 구입할 수 있다.

코슈아즈(cauchoise) 노르망디 페이 드 코(Pays de Caux) 지역의 전통 샐러드. 주재료로는 감자와 셀러리가 사용되며 햄과 그뤼에르 치즈, 호두를 추가하기도 한다. 노르망디 특산의 사이더 비니거와 크림 드레싱을 곁들인다.

코코넛 크림(coconut creame) 농축 코코넛 크림 혹은 코코넛 버터라고도 한다. 덩어리져 있어서 칼로 썰거나 강판에 갈아 사용함.

코파 디 파르마(coppa di Parma) 돼지 목살으로 만든 파르마 지방의 특산 건조 숙성 햄.

콜드 컷(cold cut) 완전 조리되어 차가운 상태에서 썰거나 이미 썰어져 있어 그대로 담아내기만 하면 되는 육가공 제품을 통칭한다.

쿠스쿠스(Couscous) 북아프리카와 중동 지방의 곡물 요리 혹은 그 곡물을 가리키는 단어로 밀가루가 수분을 흡수하면서 동그랗게 뭉쳐진 것을 뜨거운 물에 익혀 먹던 것에서 유래했다. 현재는 세몰리나 밀가루에 수분을 가하여 좁쌀 모양으로 동그랗게 성형된 것이 상품으로 판매되며 찌거나 뜨거운 물에 불려서 요리에 사용한다. 이스라엘 쿠스쿠스는 다른 쿠스쿠스에 비해 입자가 커서 자이언트 쿠스쿠스라고도 불린다.

크렘 프레슈(crème fraîche) 젖산을 첨가해 약간 발효시킨 크림으로 사워크림과 아주 유사한 프랑스 유제품이다.

키닐라우(kinilaw) 필리핀 고유의 날생선 요리를 일컬으며 남미의 세비체와 견줄 만한 요리다. '날것으로 먹는다'는 뜻. 고기와 채소로도 만든다.

키시르(kisir) 터키의 전통 곁들임 음식으로 보통 불구르, 토마토 페이스트, 양파와 마늘, 석류 등으로 맛을 내며 토마토 페이스트로 인해 특유의 붉은빛이 돈다.

ㅌ – ㅎ

타라곤(tarragon) 사철쑥. 강하고 달콤한 향을 가진 요리용 허브로 맛은 매콤하면서 쌉쌀하다. 잎은 육류의 잡내 제거용으로 많이 쓴다.

톤나토(tonnato) '참치로 만든'이라는 뜻의 이탈리아어. 특히 비텔로 톤나토(vitello tonnato)라는 요리는 송아지 고기에 참치로 만든 소스를 뿌린, 세계적으로 유명한 이탈리아의 국민 요리다.

파로(farro) 통보리처럼 생겼지만 사실은 밀의 한 품종으로 이탈리아에서는 크기에 따라 farro grande, farro medio, and farro piccolo로 구분한다. 삶아서 샐러드나 수프에 사용한다.

파스닙(parsnip) 설탕당근이라고도 불리는 뿌리채소. 당근과 비슷하게 생기긴 했지만 색깔이 훨씬 하얗고 특히 요리했을 때 더 달다.

파스트라미(pastrami) 양념한 소고기를 훈제하여 차게 식힌 것.

판자넬라(panzanella) 오래된 빵과 토마토, 적양파, 오이 등의 재료에 올리브 오일을 첨가한 이탈리아 토스카나식 브레드 샐러드이다.

판체타(pancetta) 돼지 뱃살을 염장하고 향신료로 풍미를 더해 바람에 말려 숙성시킨 이탈리아식 베이컨.

페코리노 치즈(pecorino) 양젖으로 만든 이탈리아 치즈로 약간 알싸한 맛이 난다.

펜넬(fennel) 미나리과, 상록 다년 초, 원산지는 지중해 연안 지역. 특유의 청량하고 개운한 향으로 고기 요리나 생선 요리에 많이 사용된다. 고기 누린내를 없애주고 산뜻한 풍미를 더해 '고기를 위한 허브'라 불리기도 한다.

폴렌타(polenta) : 이탈리아 요리에서 많이 쓰는 옥수수 가루.

프로슈토(prosciutto): 이탈리아어로 햄의 총칭, 대체로 염장 숙성 햄을 지칭한다.

프리제(frisée) 꽃상추의 일종으로 곱슬 잎 꽃상추라고도 불린다. 폭이 좁고 곱슬거리는 초록 잎을 지닌다.

프리카(freekeh) 조기 수확한 듀럼밀로 만든 쿠스쿠스 등의 원재료. 중동 지역이 원산지. 곡물 그 자체 혹은 이 곡물로 만든 요리 이름. 필라프, 쿠스쿠스 등을 만들 때 쓰인다.

피퀴요(piquillo) **고추** 스페인이 주산지인 고추로 매운맛이 덜하고 단맛이 나는 것이 특징. 고추의 모양이 새의 부리와 닮았다.

핑크 페퍼콘(pink peppercorn) 후추와는 아무 상관이 없는 다른 식물의 열매로 특유의 독성 성분 때문에 자주 수입이 중단되기도 한다. 단맛이 있고 약하게 톡 쏘는 끝 맛이 매력적이다. 특히 색이 예뻐서 일상식과 디저트에 두루 사용된다.

하리사(harissa) 고추와 토마토, 레몬 등으로 만드는 북아프리카의 매운 소스로, 로즈 하리사는 실제로 장미 잎이나 장미수를 넣어서 만든다.

할루미 치즈(haloumi cheese) 키프로스에서 양젖을 숙성시키지 않고 만든 치즈로 녹는점이 높아 구워 먹는 경우가 많다.

후무스(hummus) 중동 지역의 향토 음식으로 삶거나 찐 병아리콩을 올리브 오일과 각종 향신료를 넣어 갈아서 만든다.

훈제 고등어 리예트(smoked mackerel rillettes) : 훈제 고등어를 작은 크기로 찢어서 레몬즙과 크림 등을 넣어 스프레드 형태로 만든 것.

제인 백스터와 존 빈센트 지음

제인 백스터(Jane Bexter)는 헨리 딤블비와 함께 《Leon Fast Vegetarian》를 공동 집필했으며 잡지 〈Guardian〉의 증보판 요리 섹션에 주간 칼럼을 연재하고 있다. 또 'The Guild of Food Writers' Awards'에서 'Best first book'상을 수상한《Riverford Farm Cook Book》의 공저자이기도 하다. 그녀는 현재 케이터링, 식품 관련 컨설팅 그리고 특별한 장소에서 열리는 식품 관련 이벤트 진행에 전력 투구하고 있다.

존 빈센트(John Vincent)는 레온의 공동 설립자로 헨리 딤블비와 함께 베스트셀러인《Leon Natually Fast Food》를, 케이 플런켓 호그와는《Leon Family & Friend》를 저술했다. 존은 레온의 공동 설립자인 헨리 딤블비와 함께《The Government's School Food Plan》을 공동 집필했으며 이는 실용적인 요리 수업과 영양 교육이 교과 과정에 최초로 도입되고 모든 영유아를 위한 무료 점심 급식을 실시케 하는 결과로 이어졌다. 존은 음식을 사랑한다. 그리고 제인을 사랑한다.

Fabio(배재환) 옮김

Fabio(배재환)은 독학 셰프 출신으로 실무에서 오랜 경력을 쌓았으며 업계에서는 쿡북 컬렉터, 쿡북 블로거로 잘 알려져 있다.
해외 요리 원서를 스승으로 삼아 공부한 경험을 공유하고자 블로그 '요리사, 요리책을 말하다'를 10년째 운영하고 있으며 이 블로그를 통해 그와 비슷한 길을 걷는 후학들에게 업계의 현실을 가감 없이 알리고 실무에 도움이 될 만한 요리책을 소개하고 있다.
현재는 외식업체에서 컨설팅 업무를 담당하고 있으며 집필과 번역을 겸하고 있다. 저서로는《요리사 요리책을 말하다》가 있다.

블로그 https://upjohn.blog.me/
인스타그램 fabio_cookbookcook

First published in Great Britain in 2016 by
Conran Octopus Limited, a division of
Octopus Publishing Group Ltd
Carmelite House
50 Victoria Embankment
London EC4Y 0DZ

Leon Happy Salads
해피 샐러드

초판 1쇄 발행 2018년 12월 20일

지은이 제인 백스터, 존 빈센트 **옮긴이** 배재환

펴낸이 이수정 **펴낸곳** 북드림

교정교열 신정진 **마케팅** 유인철

등록 2016년 8월 23일 제2016-000054호

주소 경기도 남양주시 와부읍 덕소로116번길 20, 101-1304

전화 02-463-6613 **팩스** 070-5110-1274

도서 문의 및 출간 제안 suzie30@hanmail.net

ISBN 979-11-960352-5-9 (14590)

※잘못된 책은 구입처에서 교환해 드립니다.

이 도서의 국립중앙도서관 출판예정도서목록(CIP)은 서지정보유통지원시스템 홈페이지(http://seoji.nl.go.kr)와 국가자료종합목록시스템(http://www.nl.go.kr/kolisnet)에서 이용하실 수 있습니다. (CIP제어번호 : CIP2018027998)

LEON

WELL BEING
2014

LEON
JUSTIN
BEV
EVERYDAY!